心想事成的
富足之道

拒绝什么，也别拒绝财富

Prosperity: How to Attract It

【美】奥里森·斯韦特·马登 / 著
（Orison Swett Marden）

佘卓桓 / 译

山东人民出版社
全国百佳图书出版单位 一级出版社

图书在版编目（CIP）数据

心想事成的富足之道／（美）马登著；佘卓桓译.—
济南：山东人民出版社，2013.10（2023.4重印）
ISBN 978-7-209-07592-3

Ⅰ．①心… Ⅱ．①马… ②佘… Ⅲ．①成功心理－
通俗读物 Ⅳ．①B848.4-49

中国版本图书馆CIP数据核字（2013）第210625号

责任编辑：孙　姣
设计制作：鸿儒文轩

心想事成的富足之道

（美）奥里森·斯韦特·马登 著　　佘卓桓 译

主管部门　山东出版传媒股份有限公司
出版发行　山东人民出版社
社　　址　济南市舜耕路517号
邮　　编　250003
电　　话　总编室（0531）82098914
　　　　　市场部（0531）82098027
网　　址　http://www.sd-book.com.cn
印　　装　三河市华东印刷有限公司
经　　销　新华书店

规　　格　32开（145mm×210mm）
印　　张　7
字　　数　110千字
版　　次　2013年10月第1版
印　　次　2023年4月第2次
ISBN 978-7-209-07592-3
定　　价　45.00元
　　　　　如有印装质量问题，请与出版社总编室联系调换。

《心想事成的富足之道》这本书是参与了新思潮运动的美国作家奥里森·斯韦特·马登的最后一本著作。新思潮运动的核心思想就是人生的成功是从拥有积极的心理态度开始的。这种积极的心理态度展现在积极的行动乃至最后取得的积极结果之上。《心想事成的富足之道》一书以震撼人心的方式阐述了这种思想。

目　录　　CONTENTS

CONTENTS 目 录

目　录　　CONTENTS

CONTENTS 目 录

第一章

海阔凭鱼跃

"若是一个人只有捡破烂的眼界，

即使他走遍天涯，

目光也只会盯着破烂之物。"

"茫茫一生，你的人生不是向谁祈求得来的，

为何像乞丐一样哭脸求人，像哈巴狗一样摇尾认主，

像扯线木偶一样任人支配呢？"

"心念富足，怀抱充盈，意味着美满的人生。"

"自我束缚，这是人类最邪恶的罪恶了。"

"富足的大门只向那些心中宽广之人敞开，

而疑惑、恐惧与缺乏自信是关闭这扇门的三把密锁。"

"一颗狭隘的心灵意味着一生困顿的命运。"

"人生所获得的一切，皆源于自身的思想。

若我们的思想鄙陋浅薄，那么，这种思想就会体现在人的行为上。"

　　试想一下，一个王子，作为国王的继承人，衣食无忧，王权待授，却毫无天之骄子的气质，总是抱怨他的人生并不风光，诉说自己迟早会一贫如洗，过着困顿与凄苦的生活。他宣称，不相信父亲会给自己留下任何财富，他已经预计好要一无所有了。

　　当然，你可能会说，他精神失常了。王子"困顿"、"凄苦"和"一无所有"的情况并不会出现，完全是他躺在绸缎的被窝里百无聊赖的臆想。他的父亲将留下数之不尽的财富，这些都是他所希冀的。如果王子能相信这一切，安于颐养性灵，就能活出与王室身份相匹配的生活，为日后成为一位贤明的国王打下基础。

　　当你生活在一个狭隘与匮乏的环境之中，奔波劳碌，却仍过着贫穷的生活，你就相信当下的一切没有一丝希望，前景也不会有所好转吗？如果相信，你就如上文提到的王子一样愚蠢。

有一个名叫米霍克的俄国劳工，生活在内布拉斯加州的奥巴哈市。他怀揣一颗幸运石长达20年，从来都不觉得这颗石头会有什么金钱上的价值。朋友不止一次地告诉他，这可能不是一颗普通的石头，并让他请珠宝商那里来检验一下，但他顽固地予以拒绝。直到最后在朋友的坚持下，他才将石头送到芝加哥的一位珠宝商那里进行检验，结果证实是宝石——当时世界最大的一颗鸽血红宝石，重达二十四克拉，价值十万美元。

世上抱着米霍克这种观点的人太多了。他们一生贫苦，地位低下，任劳任怨，却相信贫富天注定。他们从来没有意识到，自己身上潜藏着连自己做梦都不会想到的巨大财富。错误的思维方式将他们的成功之门关闭了。

许多人此时此刻所处的位置，就好比一个到花园浇花的人，双脚不小心踩在水喉上，一下子截停了水流，反而为水源枯竭而焦灼不安。他看到水滴嘀嗒，与想象中泉涌般的水流相差甚远。其实水源原本充盈，完全能够满足他的期许。问题在于这个家伙踩到了水喉，将水流限制在可怜的速度，而最让人哭笑不得的是，他对此竟然浑然不觉。

以上这个故事是当今许多人贫困境况的写照。这些人截住了充盈的水源，让自己所获贫乏。他们本享有无限天赋，由于自身的疑惑、恐惧与不自信，总是想着贫穷的可怕，导致心神不宁，行为举止上表现得无所期待，不想取得任何成就，毫无真我的风采。

人事万物，皆遵循一个神圣的法则，而充盈与富足的法则，正如地心引力法则一般明确无误，清晰可辨，如数学公理一样不容偏差。这是一种心理法则，只有在心间想着富足，我们才能在现实中实现富足与充盈的人生。这是我们与生俱来的权利。换言之，你的思想决定你的人生，决定你的得失。你的心理状态每时每刻都通过肢体语言反馈出来。贫乏的心理状态往往让你身陷贫穷的处境。

我们是自身信念的产物，我们不能逾越自身所信仰的东西。相信什么，就得到什么。若我们认为自己不可能变得强壮、不可能像别人那般过得富足、不可能实现人生理想，那么我们永远也不可能取得成功。若我们深信自己会继续在贫穷的泥潭里打滚，那么我们必然会深陷其中。连自己都不相信，不努力去挣脱，你怎能真正摆脱得了贫穷呢？

许多贫苦的人对人生没有寄望，心境黯淡，看什么都是灰色，听什么都是哀音，更不相信自己能摆脱贫穷。要知道，只有积极乐观的心灵才能创造出富足。反之，消极会让人的创造力深埋在心灵的阴暗沟壑，让荒芜永远沉积在呆滞的目光上，而不得见渴盼的良辰美景。

你的双手所掌握的具体技能，没有你的心理观念那么重要。任何凭借双手或智慧取得的成就，事先都必须在大脑中酝酿一番。很多渴望富足的人甘于辛勤工作，但在心灵层面上却背道而驰，整天绷紧神经，怕过不上富足的生活。这种以负面及毁灭性的思想来抵消自身辛苦努力的做法，无疑让人为之叹息。这些人的双脚正死死地踩着那根水流汹涌的水管上。

当你扼制自己思想的时候，你在行为上的表现也会与之相符，因为你必须遵循一个不以人为意志转移的法则。你会发现，那些向捐款箱很不情愿地投入五分钱的人，在金钱问题上尽显狭隘与短浅的人，在他们的脸上也尽无气质，都是一副猥琐与忧虑的脸容。这些人成不了大器，总是因小失大，省了一辈子的硬币，而不敢去做一次挖掘金矿的冒险。无论这些人的天赋多么聪颖，狭窄、匮乏与贫穷的思想都让他们在别人面前相形见绌，无法彰显出自身独特的天赋。这样的人无法成就大事，因为他们从来就没有想过类似的事情。他们狭隘的心房只能注入半死不活的缓慢水滴，而不是酣畅淋漓的喷泉。

我们尚未学会如何运用自身思想所蕴藏的巨大力量。大多数人仍像乞丐一样只盯着膝下的钱钵，从来没有扫视过自身的天赋。我们心中吝啬的思想，阻滞了才华的涌流。

我们时常会好奇，为什么有的人身处逆流，仍能比我们在顺流时前进得更快？为什么他们总能迎难而上并且赢得最美好的事物呢？他们从不衣着破烂，家里丝毫不寒碜，拥有的一切都只有旁观者艳羡的份儿。从超市的水果、蔬菜到生活的其他所需，他们都只挑最好的。当相互对比生活花费时，我们就判定他们挥霍无度，对之嗤之以鼻，为自己的节俭而骄傲。事实上得益的真的是我们吗？我们的生活方式与他们相比起来又如何呢？我们生活的乐趣能与之比较吗？几美元的节约能够补偿我们从人生中所失去的乐趣吗？相比这些，那些被我们谴责的邻居的小小挥霍是不是能让人生更为高效吗？事实上，过于吝啬的人生法则，让我们最后反而会更加贫穷。

富足之流只向思想上敞开渠道的方向流通，难以被匮乏、沮丧、疑惑、恐惧或是狭隘的人获取。一次慷慨的花销通常要比最聪明的节约更为实际，这也是唯一可以带来巨大成功的做法。不妨设想，像亨利·福特这样的大制造商或是如约翰·沃内梅克的大商人，又譬如一个大型铁路经理抑或其他的商人们，若失去了原本宽广的视野与人生观，从一开始就在一些必需的开销上节约，用次级的货物来代替最好的，一味追求短期目标而放弃长远的蓝图。即使付出再多，他们一手创造的商业大厦也会在转眼间崩塌。

这种富足之道是不以人的意志为转移的。不论你从事什么行业，担任何种职务，处于何种环境，想法正误决定你取得成功或是失败。想法狭窄意味着行为狭隘，就好比在不合适的地势试图用一个手钻钻开地表，然后还期望获得源源不断的喷泉，这无异于痴人说梦。正确的心理态度才是发掘自身能力的前提。

第二章

吸引之道

"你可知道，所谓吸引之道，即是若你全身心去找寻的话，

你总是可找到自己想要的，而不是用疑惑来将其赶走。"

约翰·布罗思因此用美丽的文字这样写道：

"吾不再妄语时间与命运了。

因为，你看，命里有时终须有。"

"休眠，醒来，日夜更替，

我找寻的朋友，也正在找我。"

"若我孤身一人，又有何妨？

满怀欢欣，期盼来年。

我的心，收获早已播种的。

属于我的，应知我脸。"

"时间，空间，深或远，

皆不能阻隔我与自己的亲近。"

我们生活在富足的海洋之中，世上遍布属于我们的丰富之物。这个伟大而广袤的宇宙中充满各种美好与神奇的东西，充满着荣光，随时会为我们所使用与享受。我们要做的，就是要遵循这种吸引之道——同类相聚之法。

　　要实现富足与充盈的人生，并不只依赖于人类大脑小小的容量以及单一的努力。这个问题事关人类心灵去吸引那些他所希望的东西，实现心中所想的愿望。

　　人类所享受到的一切事物，都源于从无垠的知识海洋中，根据一定的法则去创造实现。所有的发明，所有的探索，所有的文化，所有了不起的设施——医院、学校、教堂、图书馆以及其他公共机构，还有我们舒适与奢华的家庭，都是根据相同的法则从宇宙中巨大的宝库中搜寻出来的。

我们的愿望、渴盼以及合理的需求都理应得到满足，我们的梦想理应得到实现。正是由于我们对这种法则的无知，让我们必须要忍受各种羁绊带来的挣扎。

当你还是个孩童时，玩着小小的磁铁，难道你没有想过要用木屑、铜、橡胶或是其他与铁不一样的物质去尝试吗？当然，你会发现磁铁吸附不了这些物质。物理性质不一样，相互之间就没有吸引性。磁铁可以吸附一支针，却不能粘起一支牙签。换言之，你在生活中已经论证过这一法则——物以类聚。

无论在任何时候，心灵都像一块磁铁一样，在吸引着某些东西，吸引着任何占据我们心灵的思想与信念，以及那些让我们备感幸福与光荣的东西。我们可以决定心灵趋向于哪个方向以及将其变成哪一种磁铁。当然，你也可以吸引那些不喜欢的东西，让你备受痛苦与羞辱。

若你有一颗富足的心灵，坚信自己能够远离贫穷，向世人展现出富足与充盈，并且睿智与坚韧地实现心中的理想，你就能够成功。这就是吸引之法，若遵循法则，你将获得美好的结果。

倘若我们能够窥视心灵运作的模式，就会发现所有的行为都是与我们的思想相连接的。若我们在现实中面临着很多的失败、很多的债务、很多的损失，这是因为我们在思想中早已和这些事物接触了。若是明白这个法则之后，我们就不会再去想那些让我们感到烦忧的事情了，而会去想应该想的，让自己收获更多，而不是更少，积聚更多财富而非一味在贫穷中挣扎，让自己兴旺起来，而不是逐渐衰败。

我们时常让心灵去吸引各种贫穷、恐惧与忧虑的思想，然后却莫名其妙地期望奇迹会出现。在这些消极的想法中，我们竟确信自身能以某种方式来获得积极的结果，要知道任何奇迹都不可能带来如此的改变，因为结果与前因是相对应的。

在被贫穷控制之前，我们在心理层面上早就贫瘠了。一旦我们认为困顿无法挣脱，这种思想只会让自己坠入深渊。相同的法则，不同的运用方式会导向不一样的结果，只有吸引美好的事物，才能让我们置身更好的环境。这就是为什么那些富足的人，总是深信自己，满怀希望，觉得自己定能实现心中的目标。

吸引之法带来的并非我们渴盼最多的物质，也并非希冀已久的位置，而是长存心内的处世态度以及精神特质。也就是说，吸引法则可能招致不利，让人难以摆脱，但我们完全可以逆转事态。正是这种法则形成我们的心理模型，深深地嵌入我们的人生轨迹之中。

时间终究会证明一点，吸引法则是人类历史上伟大的力量。所有的成功、人生的累积都源于此法则。心理上的吸引是唯一让我们在任何事情上都能取得成功的保证。这是一条无法规避的法则：物以类聚。所有属性相近的事物都会自然地趋向于一起。当你让心灵成为一块磁铁，它将会根据你的心理愿景、思想、动机以及自身的主动态度去吸引其他事物。

民间有句谚语：钱滚钱。这句话只不过是阐述物以类聚这一法则的另一种表达途径罢了。富足阶层常念富足，坚信"不富有，毋宁死"，并为之努力。当然，他们会获得这些东西，也是因为他们深谙这种"心欲取之，心必想之"的道理。诸如洛克菲勒、施瓦布等人都以大师般的手法去运用这种法则，积聚了巨大的财富。所有人皆可利用这种相互吸引的法则，无论我们自身是否觉察，我们在人生的每个时刻都在运用着。许多人会对奸商当道感到不解，他们囤积金钱和垄断行业，而许多正直与善良之人却无法分一杯羹，这是因为好人没好报吗？答案是否定的，这无关人品善恶，是因为有些人在累积金钱上没有什么技巧，美好的事情自然无法降临到他们身上。庸人做买卖，几乎肯定会亏损。他们总在错误的市场购买，在错误的时机销售。

许多人之所以总是会"吸引"错误的东西，因为他们不知道该法则的存在。他们不了解健康与成功的秘密都在于保持一种具有建设性与创造性的心理态度。这种心理态

心想事成的富足之道 ／ 拒绝什么，也别拒绝财富

度让我们趋向心中所渴盼的事物。他们从不了解构建思想与摧毁思想之间的巨大差别，不明了成功的思想与失败的思想之间的天壤之别。事实上，他们不知道，我们人生所面临的许多事情，在很大程度上取决于我们心中抱有的思想。我们可以轻易吸引想要的东西。同理，我们也可以引诱许多痛恨、鄙视或避忌的东西。正是这种心理模式让我们的人生过程置身于心中所想象的环境之中，让我们必须要面对周遭的环境。

物以类聚，人以群分。失败的想法只能招致更多的失败，贫穷的想法只能让自己更加贫穷。仇恨招致更多的仇恨，羡慕招致更多的羡慕，嫉妒招致更多的嫉妒，而恶意则会滋生更多的恶意。任何事情都有吸引与其类似事物的能力。嫉妒或仇恨的情感是一颗播种于广袤宇宙中的种子，而反馈给我们的永恒法则让我们收获播种的结果。种瓜得瓜，种豆得豆。世间万物，概莫能外。

我们到处可以看到这种"物以类聚"的法则在许多贫穷之人身上显现。他们由于自身对此的无知，让大脑浸淫着贫穷的思想，无时无刻不在谈论着贫穷所带来的后果，让自己处于不幸的位置之上，相信贫穷就是自己一生不可更改的命运。恐惧、忧虑潜伏在他们身上。他们没有意识到这些，也没有其他人去告诉他们。他们的心中总想象着饿狼正站在大门口，总觉得自己无法摆脱眼前家徒四壁的境况。倘若无所期望，只是沉湎于匮乏、贫穷与艰苦的环境之中，他们无疑就会更加死死地钻进这个地方。要知道，走向富足并且将贫穷赶走，在于遵从该法则，而不是与之相悖。期盼富足，就要全身心地去相信，无论现状是如何与理想相冲突的，你都可以变得更加富足，因为你已经在思想上准备好了。你无法通过疑问与恐惧去获得这些，但我们积极的想法和持续的行动能解开延缓你脚步的桎梏。

我们心中应频繁地将我们最想要的东西视觉化，让其时刻构成我们人生的基础，成为我们自身的一部分，增强吸引那些自身想要的东西来到身旁的能力。

走向富足的道路并无捷径，这与成为法律或是医学的专家道理是一样的。努力专注与准备，将所有的能量都集中于吸引富足之上，我们最终会成为猎取金钱方面的专家。

富足的法则，正如地心引力一般确切地存在着，丝毫不差地运转着。财富首先在心中创造。在我们实现之前，心中必须要有一个蓝图。当你想象成功，付出行动，当你真切地这样生活，如此谈论，当这成为你心灵的一部分之时，你就成功地吸引了成功之道。

当我们一旦掌握这种吸引法则，牢牢地专注于此，我们心中就会有一大串的想法，吸引着我们去希望，去追寻。

吸引自己想要与招致那些不想要的，是一样简单容易的。这只是一个是否能把握正确思想，并且做出正确努力的问题而已。"物以类聚"的法则没有例外，正如地心引力与数学公理一样准确无误。

第三章

是谁赶走了富足

对贫穷的无动于衷，将引领你走向贫民窟。

那些拥有狭隘思想的人，连命运之神也会变得吝啬而不会眷顾他们。

播种失败与贫穷思想的人，是无法收获的，更遑论丰收。

就好比农民种豆盼得瓜，是同一个道理。

即使你辛勤如牛，若将贫穷的思想一再反刍而不思上进，

你的追求也只限于眼前贫瘠的土地。

三千烦恼丝，何苦去逐一细数！四季常收获，何苦要长夜哭穷！

你想要富足快乐吗？先将一切烦恼、畏惧抛诸脑后吧。

正是疑惑，让我们走向错误的方向，

让我们面对黑暗、阴郁与无望的前景，这会扼杀我们的努力，让雄心窒息。

一个人曾告诉我，若他能够确保自己这辈子远离贫穷，养家糊口无所虑，就满足得不得了了。他说，发家致富是不可能了，自己这辈子注定清贫。他的心态就是一个穷人的心态，从来就没有想过自己可以成为一个富人，因为他的祖祖辈辈都是这样的，他也认为自己必然如此。

正是这种贫穷的心理态度，让他这个辛勤工作的人仍生活在贫穷之中，认为自己永远都逃不过这种宿命，无法过上丰衣足食的生活。他从没有期望富足。当然，他也无法获得自身没有期望的东西。他只能勉强地过活，因为这是他所预期的。

世上多数人之所以过着卑微、窘迫与贫穷的人生，主要是因为他们凡事疑惑、恐惧、焦虑以及缺乏自信，种种消极的心态吸引更多的病态心理，最终罹患成痼疾。

《圣经》告诉我们：摧毁穷人的，正是他们的贫穷。也就是说，他们贫穷的思想、贫瘠的信念、消极的期望值以及整体无望的心理景象，让他们远离富足。而贫穷所带来最可怕的一点，就是贫乏的思想与信念。

许多人从未认为自己会过得舒适。他们只会自我嘲讽地说贫穷早已料到，都是命中注定的。他们不知道这种心态会增强心灵吸引匮乏与贫瘠的程度。尽管他们试着去摆脱，但是现实总是朝着自身所期望与相信的方向迈进。

贫穷始于心灵。许多穷人之所以依然贫穷，是因为他们一开始就是心灵的乞丐。他们不相信自己日后能够变得富足，觉得命运与环境似乎总是对他们不公。他们出身贫寒，认为自己的一生也必将会捉襟见肘——这是他们内心始终不变的信念。倘若到贫民窟那里看看，你就会发现，有一些人总是唱着伤春悲秋的怨曲，哀叹自己人生的悲惨命运，哭诉时运不济、社会的残酷与不公。他们将会告诉你，自己是如何被上层阶级所排挤，如何地被贪婪的雇主所压榨，或是被一种他们所无法改变的秩序所压制。他们认为自己就是受害者，而不可能成为人生的胜利者，他们只是被牢牢统治的臣民，而非自己的主宰。

许多无法实现自身理想的人所面临的最大问题，就是他们以错误的眼光去看待人生。他们不了解，这种习惯性的心理态度在构建事业与创造人生环境这一过程会带来毁灭性的影响。

那些想更进一步却自我束缚的人，无疑是将人生美好的一面给晾在一边了。因为他们不相信自己的人生能够拥有美好的东西，觉得自己只能勉强糊口，满足口欲之福罢了。这种想法实在让人极为遗憾。持有类似想法的人，实际上将原先正确心态所应带来的富足涌流给截断了。

在各行各业中，我们看到许多男女都在驱赶自己心中想要的东西。他们本想拥有一种快乐、健康与富足的生活，但却以一种负面与摧毁性的思想去践行，结果将之前辛苦努力的结果都给抵消了。他们沉浸于忧虑、恐惧、妒忌之中，怀着一种仇恨与报复的心态，这种心态结果摧毁了健康、成长与创造力。他们的生活节奏总是配上低沉的小调，他们的思想与谈话总是慢了一拍。他们的一切都呈现出每况愈下的景象。

世上抱怨着贫穷与失败的人，十有八九都在驶向一个错误的目标，远离他们想要前进的方向。他们所需的就是转变观念，勇敢地面对目标，而不是怀着毁灭性的想法，朝着其他方向迈进，远离自己的目标。

诸如摩根、沃纳梅克、马歇尔·菲尔德斯、施瓦布斯等成功人士，心中总是想着富足，最终也能够如愿获取。他们从来不担心贫穷，也不担心失败，坚信最后能够变得富足与成功，因为他们从心灵中早已消除了所有的疑惑。

疑惑是一个能够杀死成功的因素，正如对失败的恐惧会杀死富足。任何事情在降临之前，首先都会在我们的心中产生一个图景。无论是走向成功或是失败，任何东西要想成为现实，就必须经过我们大脑的思考。

许多辛勤努力并且想着要前进的人们，若他们能看到自己的心灵朝向一种贫穷想法的话——而事实上，这也是许多人内心所想的，他们一定会感到极为震撼。他们懵懂而不自知，一再地想着、谈论着贫穷，并且通过自身不整的衣着、邋遢的个人外表彰显出来。这样他们就会更加坚定一点，人生除了贫穷之外，别无他物。他们不知道，是自身的疑惑、恐惧以及贫瘠的信念让他们根本无法取得富足。他们不知道，只要怀着这样的想法，他们就不可能通往富足的人生。

人生的意义，在于专注自身所有的能量。无论我们现在身处贫穷或是富足，成功或是失败，当这些信念占据心灵的时候，就会在我们的人生中逐渐显露出来。

我亲爱的朋友，你所拥有的一切，包括你的环境，就是对你自身思想、信念的一种反馈。我们的思想、信念和努力都会逐渐现实化，这些都是非常客观的。我们所说的话会逐渐通过双手的努力变成现实。我们的思想和情感会变得真实，与我们同在。他们会成为我们自己所创造的环境中的一部分，环绕着我们。

远离贫穷只有一种方式，就是背对它。首先，要丢下贫穷的思想，放弃对贫穷的恐惧，将负面想法统统赶走，让自己拥有富足的心态，想想要走的方向，想想要争取的东西，然后向前行，迈开成功的第一步。

无论是在心理上、身体上，还是在你的衣着外表上，你所处的环境，你所展现的风度，都要彻底地擦拭掉所有贫穷的痕迹。用沃特·惠特曼的这句话自勉吧："我自己就是一笔巨大的财产。"不要让自己的家庭显得邋遢，不要让妻儿显得寒碜，不要给别人留下负面的印象。

对贫穷的恐惧具有毁灭性的力量。正是这种力量牢牢桎梏着世人。摆脱这种恐惧吧，我的朋友。让富足的思想代替对贫穷的恐惧。将这些从你的心灵中驱赶走吧。若你的人生充满不幸，不要到处宣传自己的不幸，擦掉尘土，抖擞精神，整整衣冠，清理干净。最重要的是，抬头挺胸，积极向上。

记住，充盈的源流无法流经贫瘠的思想，狭隘与吝啬的思想意味着稀缺的流量。追求富足，摆脱匮乏，有助于扩展我们的心灵，让思想的洪流得到更通畅的流动。

在今日的世界，假如所有的穷人都放弃这种贫瘠的思想，不再沉湎于此，不再为此而感到忧虑与恐惧；若他们能从中将贫穷的思想扼杀掉，在心灵中将所有与贫穷相关联的思想都斩断，替之以富足的观念、充盈的思维以及积极的态度，那么他们的处境将会得到极大的改变。

造物主从未将人以贫富区分。人的组成成分中没有负累与贫穷的元素。人类存在的目的就是要走向富足、幸福与成功。人类并非生来要忍受痛苦、精神失常甚至成为罪犯。

很多人之所以能够摆脱贫穷的人生，是因为他们体会到这一重要而基本的原则，从而在漫长人生中，秉持信念，为理想而奋斗。

切莫以为，偶尔怀着建设性或是创造性的心态，或是灵光一闪的念头，就能抵消心中盘踞已久的毁灭性想法。一些人只能获得与期望相悖的结果，不过是应验了他们内心主导的悲观想法。

有时候，我们的信念要比毅力更为强大。当你确信自己做不到的时候，任何努力都无法帮你去战胜困难。例如，当你确信致命的遗传疾病正在控制自己，这种思想会盖过任何求生力量，将扼住你命运的咽喉。

若你确信自己会贫穷，你将永远都无法获得富足，无论你多么努力，你的信念始终会牢牢地将你控制，你只能浑浑噩噩地活着。当一个人只拥有乞丐般的思想，也就只能达到乞丐的高度。

一个小男孩播下野麦的种子，却妄想着收获沉甸甸的稻谷，这就正如当你的心灵充溢着贫穷、匮乏与贫瘠的思想，却希望自己能够收获富足。若你脑海中只有贫穷的思想，充斥着各种限制的思维，你也只能收获相应的产物，无论你是否如此期望。

年少之时，《圣经》上让我最难懂的一句是这样的：要想收获，须有所想。我一直不明白这句话作何解释。这看起来有点过于主旋律，显得有点偏颇。但现在，我理解了它的含义。因为一个人心中有所欲望，必然会像一块磁铁那样吸引更多。另一方面，"一个欲望卑微之人，其所有的必将散逸"。因为他心中卑微的想法、疑惑或是恐惧，紧闭了思想涌动的源流。

若你想展现出富足，你必须首先期望富足，你必须要让心灵持久地面向富足。你必须让心灵充溢着这些意念，正如法学专业的学生必须要在脑海中充满着法学概念。他们必须要时常思考、阅读与谈论，还要时常与律师交谈，或是尽可能地处于这种氛围之中，才可成为一名成功的律师。

茫茫世间，我们理应获得美好与丰富的东西。人心没有期盼，就如鱼儿失去了水或食物，而我们生存的世界，正如鱼儿觅食的富足海洋。我们要做的，就是敞开心智，相信自己，让理想成为现实，利用我们的智慧来寻觅人生的美好——这就是我们所需要与渴盼的。

第四章

树立正确的意识

生活中的任何建树，

首先都源于我们的意识之中。

上天给了你无尽的资源与无限的能力，

但是没有告诉你隐藏在什么地方。

你能挖掘到这些潜能吗？

若意识到自身能量可以去创造更多东西的话，

我们就已然拥有许多了。

想要的东西与自己目标的鲜明、渴望的程度、

坚持的韧度以及意识的清晰度成正比例，

开始努力，去创造与拼搏吧！

造物者赐予我们无边的能力，

而这些都深深埋藏在我们的意识之中，

我们所想的任何东西，

都是没有羁绊与限制的。

世上许多郁郁不得志之人所面临的最大问题，就是没有树立正确的意识。佩里·格林医生曾这样精辟地分析约伯的凄苦——"我所恐惧的东西到头来都会降临到我身上"。这话应该改成"我所强烈意识到的东西，必然会降临于我头上"。换言之，正是我们意念中苦苦思索的东西，让许多无形的东西从想象变成现实——贫穷或是富足，健康或是疾病，幸福或是痛苦，莫不如此。

个人成长与发展的全部秘密都紧紧地锁在我们的意念之中，这扇门就是生命本身。人生的每一次体验，无论是欢乐或是悲伤，健康或是疾病，成功或是失败，都发源于我们的意念。除此之外，没有其他途径让这些东西成为我们生活中的一部分。你无法拥有自身压根没有意识到的东西，你不会去做自己压根就没有想过要去做的事情。简而言之，这是一条亘古长存的法则，无论你的心灵被什么所占据，相信自己在人生中会有怎样的信念，这都会在你的生活中彰显出来。约伯脑海中挥之不去的意念，正是萦绕在心头上的东西。

求胜心驱使我们在每个时代、每个领域中不断取得胜利。在经过多年对各行各业的一些成功人士的生活以及工作方法进行研究之后，我发现，那些取得巨大成就的人都是极为自信之人，深信自己所做之事必然能够取得成功。著名的艺术家、科学家、发明家、探索者、将领、商人以及其他行业有所成就之人，无一不是怀抱着强烈的胜利意念。成功是他们脑海中一直视觉化的一个目标。他们从未动摇过自己能够取得成功的信念。

许多人之所以失败，并不是因为他们能力的匮乏，而是因为他们心中缺乏一种求胜的意念。他们活在世上，没有渴望自己有朝一日能够取得成功，不相信自己能够去实现自己的目标。他们总是害怕潜在的荆棘及失败的深渊。患得患失的心态让他们无法实现心中的目标。他们的内心总是沉湎于灰暗的东西。这种狭隘与禁闭的思想，充满了恐惧的意念，无疑是会得到相应的结果。贫穷的人整天对贫穷牵肠挂肚，而不相信富足可以争取，这造成了他们终生贫困的可悲结局。

我们的意念就是自身创造性力量的重要部分。贫瘠的意识孕育不出沃饶的财富。一颗失败的心灵怎能去赢得成功呢？这违背了基本的规律。也许，你也在奇怪为什么无法去实现理想，无法去采撷自己心中长久希冀的理想之花呢？与此同时，你的心灵却充溢着沮丧，布满了黑暗、阴郁与绝望的情景。你的整个人生仿佛都浸透于失败的意识之中。也许，你感觉到了某些东西，一些无形的力量，感觉一些东西正在拉你后腿。是的，的确是有某些东西在拉着你的后腿，但这并非宿命之类的东西，而是自身沮丧的心理态度，是那种让你长久沉沦、无法自拔的意念。当你在尝试构建物质大厦时，这种思想总是在抵消你为之所做的努力。你一直在遵循着消极的法则，在不断地破坏、扼杀、摧毁理想，而不是积极地去构造。很多人不是让自己更富于创造力，去构建、美化乃至发展人类的美德，让生活更加有趣；相反，他们总在接近成功时总因惧怕失败而偷偷开溜，让生活显得极为悲惨。

人生的成或败，都取决于自身的意念。我们可以一步一步地去实现心中所渴盼的。大多数人没有音乐大师的音乐细胞，因为我们不熟悉音乐的模式。数学家、天文学家、作家、医生、艺术家等各行各业的专家，都在其独有意念的趋引下实现理想，他们所展现与拥有的专业能力，与他们想要培养的这种专业能力的意识是成正比例的。

我亲爱的朋友，扪心自问，你想要培养哪一种意识呢？你想要什么呢？要成为什么呢？在这点上，让自己积极正面地给予回应，是我们培养这种全新意识的第一步，让我们更加全面地把握住我们的目标、希望与理想，让我们在心灵中获得更为深刻的印象，让这种思想在我们的行为与生活中占据主流。成功的律师从一开始就注重培养法律意识，而优秀的医生、成功的商人也莫不如此。正确的起步是极为重要的，因为无论你有什么意识，你的心灵会吸引类同的东西，从而引领你走向成功或是失败。

接下来要做的，就是要笃信自己，深信自己能够实现心中所想的目标。这是迈向成就极为重要的一步。因为信念比毅力更强大。换言之，你可能觉得做某件事很艰难，但若你相信自己无法做到的话，那么怀疑自己能力的念头就会占据你的心灵。信念是取得成就的最大杠杆。正是信念让许多贫穷的男女青年爬上高位，尽管他们一路上遇到许多挫折，但他们对自己的能力毫不怀疑，深信自己一定能够做到最好，任何事情都无法阻挡其前进的脚步。

成功始于意念，不要忽视任何微如水滴的创造性想法，只要目标清晰、方向明确、渴望热切和坚持不懈，滴水可汇成奔流。例如，意识到力量就会创造力量；意识到自身要取得卓越的成就，就会努力让自己迈向卓越；意识到自信就会让我们行事处世显得自信。我们所意念到的东西，我们就已掌握了，但我们却无法拥有自身没有意识到的东西。换言之，在我们有意识地去感知之前，我们无法去掌握事物。若你没有意识到自己有成功的能力，你是不可能成功的。若你意识不到自身的优越性，你就不可能成为优胜者。但是，若你的心灵中始终保持着一种卓越的期许，你就开启了一扇通往卓越之门的钥匙，迈向非凡人生，你的成功轨迹上尽现意念的光芒。我们拥有无限的能量，无尽的资源。这些都深藏于我们的心中。但是，直到我们唤起这种潜在的能量之前，这些无形的资源，我们是无法去利用的。

不久前，我的一个朋友看到一个柔弱娇小的女人跳过了一个六尺高的大门。当时她将一只驯服的小山羊误认为是公牛，结果吓个半死。朋友说，这个女人告诉他，在平常情况下，她绝对不可能重复那样的动作。然而当时她感觉命悬一线，在千钧一发之际，一下子激发出潜在的能量。看到山羊奔来，她误以为愤怒的公牛，刹那之间，没有时间去想自己能否跨过这扇门，稍有疑惑或恐惧命就悬了。越过大门是眼下唯一的逃脱方式。随着内心潜在的能量被激活，她竟跳过了大门。但当心理幻象过去之后，她的意念又失去了潜在的力量，又恢复到以往软弱无力的状态。

那些听从心灵召唤的人，那些相信自己并积极面对人生的人，无论前景看起来多么黯淡，自然会有一种勇气的降临。相信自己有能力去掌握自己命运的信念，这让他们知道，即便在浓密的乌云之上，也还是有阳光照耀的，只不过暂时被遮蔽了而已。他们依然沉稳地向前行走，自信会取得成功，他们的愿望会得到实现。

　　在你的心中要牢记一点，我们的创造力是源源不断的，总能在生活中彰显出我们所意识到的东西。如此，你就不会像数以百万计的人犯同样的一个错误——表露出来的东西都不是自己心中所想的。我们要意识到，自身的欢乐、幸福、满足感、成就、能力、个性，所有这些都取决于我们意识的本质，以及我们所崭露出来的目标与方向。这样，我们就不再需要努力挣脱出某个与自己所想相悖的思想了。相反，我们会始终在脑海中意识到我们的理想，铭刻着我们心灵中的愿景，灵魂的渴盼。我们将牢牢地专注内心真正的意念，和谐的意念，充盈的意念。人生对大多数人而言，意味着更多，而非仅仅为了生计而已。

心想事成的富足之道　／　拒绝什么，也别拒绝财富

第五章

富足之发端

若我们在脑海中持续地将自己的目标加以强化，

就能变得更具创造性，并让之成为一种形式，融入到人生之中。

我们需求的这一愿望本身，就拥有无尽的财富，

能获得永不枯竭的补充力量，拥有无限的可能性。

我们的无形世界恰似一片沃土，等待着我们思想的种子，

渴盼的种子，理想的种子，富足与成功的种子。

在实实在在的努力之中，在我们集中精力之中，

时刻都会彰显出其应有的形式。

在这个世界，我们所渴盼的，都会得到回应。

正如我们并不缺乏阳光。

谁会因为阳光的光线没有停留在他们身上，

无法让他的作物成熟，无法带来温暖或是振奋的生活而去抱怨呢？

世上并不缺乏阳光，但我们有时却隔离阳光。

若我们选择活在阴影之中，若我们蜷缩在阳光照不到的暗室里，

这就是我们自身的过错了。

世上最困难的事情，就是说服世人去相信一些无法感知的东西。但是，我们知道的很多真实的东西都是无形的，任何凡人的眼睛都是看不到的。

　　大多数人想改变让自己不满意的环境，远离贫穷以及摆脱那些扯我们后腿的东西，这是极为困难的。他们的视野无法穿越眼前所看到的一切。他们没有学会将未来视觉化，在一个看不见的世界里感受真实存在的事物。那里充满所有富于创造性的能量，正是心灵启动创造过程的开始。许多人没有意识到，现实世界中的所有东西，一开始都是源于某种心理愿景，源于一种心灵视觉化的能力，源于我们将希望生活中的美好东西视觉化。

　　任何想知道如何运用这种神奇力量的人，都是从对事物视觉化开始的。通过踏踏实实的努力，我们就会在视野中看到这些之前还是幻想的东西成为现实。凭借视觉化的能力，我们可从一个贫乏、不和谐的环境中升华到一个和谐与友善的环境里，让内心得到提升。

这种新的哲学认知让我们可以透过现象，看到真正的自我，无形的自我。这显露出其自身隐藏的能量与可能性，指出了自我发展的作用以及途径，向我们展示了那些无能、软弱、沮丧、埋怨、不满之人皆是失败者。他们内心充满了各种不和谐之音。他们总是被疾病与内心的煎熬所困。这是错误的思想、错误的生活方式以及不纯的动机所造成的，他们成为自身情绪的受害者，成为一个关于人生永恒事实无知的可怜受害者。

换言之，思想的创造性力量将不可战胜的力量放置在人们的手中，让他成为一个创造者，去塑造自己的人生，去开拓属于自己的未来。你与我能在一种无形、建设性的思想中播种美的思想、爱的思想以及成功的思想。这在我们选择的工作中都可得到体现。否则，我们就会播下具有毁灭性的思想、仇恨与邪恶的思想、不协调的思想、失败的思想、贫穷的思想以及各种痛苦的思想。播下什么，我们就将收获什么，这是不以人的意志为转移的法则。任何事情，概莫能外。

世界上大多数的贫穷、疾病、失败与不幸都源于对此法则的无视。所以，我们应从负累的羁绊中走出来，远离不幸、失败、贫穷以及时刻不停的忧虑，无惧各种烦恼与痛苦、疾病的侵袭以及惶恐门外有狼窥视，要知道这些思想都只不过是我们的臆想罢了。这些东西都只存在于我们的心灵之中。但是，如果我们不断地将其视觉化，让恐惧的思想侵入心灵，它们就会变成现实，并在我们的人生中彰显出来。

健康、富足、成功、幸福、光荣而欢乐的人生——这些都是一般人所能去享受的，但大多数人却由于自身的错误与悲观的想法而赶走了它们。这个世界充满了无限的可能性，等待着我们思想种子的发芽，我们欲望的种子，野心的种子，热盼的种子，成功的种子，这些都将由我们的努力作用于物质之上，其彰显的方式正是我们所为之专注的。

无论你的现状如何，若你坚持乐观的心态，你就能通过创造性的思维，作用于无形的宇宙物质之中，从源源不断的无形境域之中获取力量，获得心中所想的知识、智慧、健康、财富、幸福与成功，从而实现你所有的希望与愿景。

第六章

若你会理财的话……

要时刻防备生活中的任何一点奢华的行为。蝼蚁之穴，足以溃千里之堤。

——本杰明·富兰克林

债务就像一个陷阱，容易陷进去，但是想走出去，难啊！

——萧伯纳

没有远见之人，是聘用他的企业的负担，

是他所居住社区的累赘，也是他的家庭与自己的一个耻辱。

银行里的一笔小存款是我们的好朋友，

无论是在我们急需或是面对机会之际，皆是如此。

许多人的日子过得一塌糊涂，或是只能一生穷兮今，

更甚者只能在债务缠身的境遇之下过活，他们的人生之所以如此悲哀，

如此难行一步，这都是因为他们没有学会如何理财。

对于一个人而言，知道如何维持自己的生计很重要，但是懂得如何将金钱最大化地利用，则更为关键。因为这决定了我们是否能够独善其身，能否在这个世界上最好地施展自身的才华。

这种对金钱的嗅觉可以通过后天培养。每个孩子从小就应该学会如何去理财。他们应该知道如何处理金钱，如何节约金钱，如何为了个人的拓展与人生的丰富而明智地使用金钱。

我们要教育每个小孩都养成节俭的习惯，懂得金钱的真正价值所在。若我们不让孩子们明白金钱的含义，又怎能期望他们长大之后，能善用金钱呢？

普通人在花销或是在投资的时候，很容易遗忘理财的常识，失去赚钱的判断力。一个白手起家的百万富翁告诉我，在一百个人中，不超过三个人能够真正地守得住金钱。难以计数的人在临终之时，老无所依，没有一个落脚处，无法自己养活自己。

我时常会遇到很多人，他们多年以来一直努力工作，希望自己能有所作为，却没有任何成绩，也没有值得夸耀之处。每看中投资良机时，总苦于没有资金，只得一声叹息。这是因为他们从来没想过如何去理财，这就好比是掉进井里的狐狸，每次想要往外跳，最后还是重重地摔回到原先跳起的地方。

年轻的朋友们啊，当你们到一定年龄之后，就会发现，没有比掌握理财的艺术以及知道如何明智地使用金钱更为重要的了。若你无法做到这点，你就很容易被油嘴滑舌的人忽悠。你周围的人都会知道你是易骗的羔羊。若你有钱的时候，他们不需花多少伎俩就能把钱从你手中骗走。

金钱就像泥鳅，是这个世界上最滑溜的东西。很多人无法留住金钱，就好比他们无法去抓住一只滑溜溜的鱼。金钱总是习惯性地从他们的指尖溜走，在每一次打开钱包的时候，就悄然无声地失踪了。会赚钱的人很多，留住金钱的，却很少。人有赚钱的动力，是因为人往往抵不住花钱的诱惑。

大多数人都将自己手中的钱当作儿戏。他们过于贪婪，总是想着要让金钱更快地发挥其滚钱的功能，所以他们经常做出最为愚蠢的投资。

我认识一位商人。从很多方面上来说，他是一位很能干的人。然而，他的一生总处于水深火热之中，就是因为盲目投资所害。他从不积蓄一些现金，做好把握良机的准备或是应对紧急的情形。他盲目地投资，而当真正的机会来临之际，他却无法周转资金。因为他的金钱都被套在那些最为冒险的投资里了。一位从事金融理财的专家曾冷静地说："不要拿自己那点积蓄去冒险。"

进行愚蠢的投资，一心想着捞大钱的想法，让很多人终其一生都活在悲惨世界里。从人生的早年开始，只对安全、稳妥与实用的事情进行投资，是极为有益的。富人可以去冒一下险，万一输了，也没啥关系，但是，我的贫友，你却输不起，还是慢慢来，心急吃不了热豆腐！那种赌徒式的行为，想着要一夜暴富的心态，抱着小鱼吃大鱼的念头，造成了很多人心理的失衡与生活的贫穷。这些杂七杂八的想法让更多的人时常感到失望，而理想的旁落，让许多英雄在伟业完成之前，郁郁而终。

迈向正确理财的第一步，就是要拥有一个属于个人的账户。这是我们的行为指引，教会我们要节约与有规划地使用金钱。这种习惯意味着，当别人可能一无所有的时候，你仍能有所依靠。

当今时代每个人都要学会善待自己，学会更为明智地使用金钱，更为优化地使用自己的薪水。

无论你是如何维持生计，无论你的收入是多或少，若你不能成功地理财，你就很难去驾驭自己的人生。学会理财并非意味着做一个守财奴，而是要懂得如何最为明智地使用自己的薪水，不要将自己辛辛苦苦储蓄的钱挥霍在无谓的事物上，抑或做一些愚蠢的投资。

在每个年轻人的心灵中，应有留下这样一个永不磨灭的印记，人生早年所累积下来的债务，会造成一生的悲剧。债务摧毁了很多前途无限的年轻男女。年轻人应该学会：无论在任何情形中都不要让自己因为债务的问题而让人生之路变得崎岖。他们应该被提醒：人生的成功、理想的实现，很大程度上都取决于能否让自己摆脱各种困扰，不惜一切代价去捍卫自己的自由。我们要教会他们：年轻人不要拿自己的未来做赌注，这会以"过把瘾就死"的悲剧收场。

我认识很多原本很有前途的年轻人，他们因为买车而成为车奴。许多人甚至拿自己仅有的房屋作为抵押，以求获得一辆汽车。他们觉得，只要有了车之后，就可给自己的妻儿带来健康与幸福。

当然，这对他们意味着很多。但是换个角度来看，对于一个刚刚进入社会，人生刚刚起步的年轻人而言，去购买那些目前无力承担的东西，无疑为将来徒增沉重的包袱。

要是一个人总是处于贫穷之中，饱受债务的压迫，无论其天性多么乐观，都难以笑得起来。我认识一个人，啃了几年的面包，就是缘于在信誉良好的时候，因一时贪念，欠下大笔债务。当生意萧条之时，他就不得不面对债主的追讨。债务的利息不断地翻滚，像滚雪球一样猛积。要是他早知道会有这样的结果，无论如何都不会让自己走向这条自我毁灭的道路。

已故的马歇尔·菲尔德曾说："今时今日这种入不敷出的生活方式，给难以计数的人带来灾难。"很多人之所以入不敷出，是因为他们忍受不了被无视的眼光，觉得别人拥有的东西自己也该拥有。他们无法忍受自己的形象或是社会地位低于别人。但是，宁愿这样，也不要让自己处于窘迫的地步，宁愿这样，也不要被困在一个人生的地洞里。

某人曾这样说：

在你急需的时候，我是你最好的朋友。

若是没有我的帮助，那些最爱你的人也只能眼睁睁地看着你，感到无能为力。

我将人生的坎坷与不平抚平。我越过苦难，克服障碍。只有我才能做到这点。

我是信念的支持者，理想的刺激者，梦想的追寻者，为那些挣扎着的寻梦者提供无与伦比的帮助。

我带给人们安全感。这种感觉增强我们的力量与能力，让我们更能怀着活力与自发性去努力。

我是你踏向更加美好事物的阶梯，我是希望的建造者，沮丧的敌人。因为我带走了担忧、忧虑与恐惧最重要的源泉。

我能增强人们的自尊与自信，带给他们一种舒适与安稳的感觉，这是其他任何东西都无法给予的。我给予多数人一种力量，否则他们只能卑躬屈膝。有了我，他们就能昂首挺胸，有尊严地活着。

我让你在这个世界上变得更加重要，让你行善的能力大为增强。我让人们对你的能力有了较高的评价，提高了别人对你的信心，给你应有的社会地位以及一定的影响力与赞誉。要是没有我，人生中很多美好的事情都难以实现。

我是生活中很多纷争的缓解器，是你与这个世界棱角的缓冲地带。那些不愿意凭借诚实努力来获得我的男女们，就会失去他们个人幸福、富足与安康的最基本的条件。

无数的母亲与孩子因为那些身兼丈夫与父亲的人们缺乏这种实用的理财能力，而遭受了种种坎坷与羞辱。要是掌握了这些能力，就可免于很多痛苦与悲哀。

很多老人在暮年之时，无家可归，凄惨不堪，或是饱受羞辱，依靠亲戚不情愿的施舍过活。还有很多人是死在寒舍，因为他们年轻之时没有与我为友。

无论是在人生这场战役中，或是在争取自身独立的斗争之中，我都是你最为可靠的朋友。无论是你的家人患病、遭受意外、损失或是生意的危机，我都愿意随时助你一臂之力。你总是可以依赖我来对抗别人的嘘声。让我以静悄悄而又有效的方式来让那些咆哮的人静下来。

我是——你手中的储蓄。

第七章

如何增强自身的能力

我们的能力受情绪、感觉及心态的影响。

这就好比水银温度计响应于温度的变化，

风向标随气流的变化而变化。

中年之后，有些人觉得自己时常处于水深火热之中。

而倘若他们这时候才知道自己的真实想法，但却无法实现的话，

那破碎理想的阴魂会让他们生活的每一天都觉得是种折磨。

希望、自信以及对目标的信念，对工作的热忱、乐观、勇气、欢乐，

这些心态都将大大提升人的能力。而恐惧、气愤、艳美、偏见、嫉妒、

忧虑、吝啬、自私等心态则会这将扇大门紧紧关住。

从工作中感受到幸福，意识到我们正在做最好的自己，

给别人留下良好的印象——这些都能极大地提升个人的能力。

因为这会增强一个人的自尊与自我评价，带给人们自信，

而自信又能极大地促进主动性与创造性的能力。

一位颇有成就的商人曾说，他赢得最有价值的一纸合同是曾经错失的那份。

为什么这样说呢？因为这让他探寻损失的原因，去重新审视自己，找出自己存在的弱点以及提升自身工作的方法。正是那些损失的投资让他重新发现自己。要是没有这些惨痛历练的话，现在他可能还未能将自身潜能的一半给发掘出来呢。

其实，这个世界上多数人都是因为对自己的能力抱着一种错误的观念，导致自己与成功、财富失之交臂。就像一位年轻的速记员曾告诉我，要是她确信自己能够成为这一行业的专家，她一定会去上夜校学习知识，尽自己最大的努力去提升自己的业务水平。但是，她自认能力平平，尝试也是没有多大改变的，自此以后，她的口头禅换成了"平平淡淡才是好"。

今时今日，那种认为我们的能力是无法改变的，认为这是由遗传或是某种不以人的意志为转移的法则所决定的思想，是占据人类心灵中最为可悲的思想。这种思想严重地扭曲了真正的事实。事实上，人的能力是有伸缩性的，可以无限地延展，或是以多种方式来压缩。这就有点像手风琴，表演者有时将琴拉得很开，有时则完全紧闭。同理，你也可以让自己错误的思想将这把"手风琴"牢牢紧闭着，仅留下很小的发挥空间，或者你可以选择通过正确的思维方式去打开能力之门，让你的潜能在工作中得到施展，让你的人生大放异彩。

许多人终其一生，浑浑噩噩，压抑着自身的才华。这在很大程度上是因为他们内心所抱着的那种消极、毁灭性的心理态度，以及他们的疑惑、恐惧、忧虑、迷信或是先入为主的成见，缺乏勇气，缺乏对自身能力以及目标的信念所致。我们到处可见许多工作勤奋的男男女女，他们无法取得自身设想的成就。假如让自己保持积极与富有创造性的心态，正确地面对人生，他们就可事半功倍了。

你的天赋如何，这其实与自身的能力关系不大。若是你的天赋被悲观的冰雪覆盖，被你的疑惑、恐惧、怯弱以及缺乏信念所笼罩，那么什么良好的天赋都只是转眼而逝的浮云。若你不尽力去实现自己心中所想，让才华有一个抒发的渠道，那你就只能郁郁于心了，上面也会逐渐覆盖上形形色色的心理垃圾。这将让你永远难有所拓展，也难以有所成就。

海伦·凯勒，也许是这个世界上身残志坚，永不屈服的光辉典范。她不让自身的残疾去阻碍自身的全面发展。在出生十八个月大的时候，就已经是集聋哑盲于一身了。对于一个身体如此缺陷的人而言，这个世界还有她做出任何有价值事情的可能性吗？除了对自己绝望，成为自己亲人的无助与无望的负担之外，还有什么好期望的呢？但是，在她身处的一片黑暗的世界里，有一股难以熄灭的不屈精神在涌动，最终演变成一种巨大的能量。时至今日，她为人类做出如此巨大的贡献，很少人能与之比肩。正是这样一个人，在其人生伊始显得那么无望。海伦·凯勒本人的经历证明了一个事实，人类的自我发展是没有局限的，只要不自我设障，每个人能够战胜前路上任何难以逾越的障碍。

老鹰是所有具有羽毛的鸟类中最为强大，也是最具力量的。它的双翅在空中飞得比其他鸟类更高，盘旋的时间也更久。但假如这个空中之王被困在牢笼之中，双脚被缚在沉重的巨石之上，那么，它就如家禽一样无法飞行了，不论其骨子里流着多么强烈的翱翔天际的本性，最终还是难以远离地面。

　　人类就如老鹰，天生要远飞天际，闯出一片天地。但是，芸芸众生却将人生的时光花在琐碎之事上，未能做自己本应做的大事。而这只是因为某些东西限制着他们能力的发挥，让其始终困在一个卑微的位置。这着实让人感到遗憾。今天，很多能力不济之人成为失败大军的一员，压根没有机会去实现自己的理想。在所有人生不遂意的例子中，最让我感伤的是，许多人过中年的男女们，本有能力去做大事，之所以无法实现，只因他们在年少之时不愿意为理想而做出牺牲。喜好安逸的迷药吞噬了他们的能力，使他们成为俘虏，直到理想的呼唤在内心被自己残忍地捏灭无声，不愿再去聆听了。

　　一些人因为欠佳的身体状况或是不良的心理习惯而被束缚，让他们始终无法将最好的自己投入到工作之中。能量缺乏与活力不足，让他们步履艰难，才华无处施展，而这原本都是可以免疫的。还有一些人之所以失败，则是因为他们的性格特点以及气质问题，成为他们通往成功之路的障碍，将所有前进的努力化为泡影。急性子、嫉妒、缺乏自信、腼腆、粗心、做事不细致，还有其他一些小毛病与弱点都严重地阻碍着他们能力的发展。

　　任何在我们心灵引起不和谐的东西，都会让我们失去力量，阻挡我们前进。你要学会掌控自己的资源，增强自身的能力，避开任何可能会让你感到消极的东西——恐惧、忧虑、妒忌、艳羡、怯弱，以及所有含有沮丧、忧郁成分的想法。这些念头都是软弱的一个征兆，都是能量的破坏者。脑海中掠过的一抹忧郁、一道恐惧、一缕悲伤或一丝疑虑，无一不摧残着能力。换言之，我们的能力对自身的情绪、自身的心理状态极为敏感。当我们感觉不对劲，失去方向感之时，当我们感到忧郁、沮丧或是悲伤之际，内心充满疑惑与忧虑之时，我们的能力就会萎缩得很厉害，另一方面，当我们感觉良好，心智和谐，对事情没有忧虑或是担心之时，能力就可得到极大的提升。因此，积极与乐观的情感使资质的蓓蕾得到成长及绽放，相反，所有的消极、沮丧与阴郁的情感则会让其萎缩，甚至凋零。

以上事实证明，在尽一切努力去通过接受教育，为专业的工作而接受特殊培训，或想尽一切办法来提升自身天赋的时候，我们仍可凭借自身的心理态度来拓展或是限制自身的能力。因此，我们确定，能力能否正常发挥，十有八九都是因为我们在某个特定时间的心理状态所致。我们都知道这种状态是如何被充分的自信、坚定的信念所增强，如何因对自身缺乏自信、自我贬低、腼腆以及缺乏勇气而贬值。我们都知道，当自己勇气与自信都处于上升期之时，要比当你处于忧郁与沮丧之时，让自己显得更加伟大。让这种积极的心态成为你习惯性的心理状态吧，那么，你的能力将会更加全面，更能得到最充分的发挥。

另一方面，如果对自己持着贫瘠的想法，拒绝承担责任，一味贬低自己，即便你有如柏拉图似的磅礴才气，也著不出《理想国》般伟大的作品。这种心理态度比其他缺陷更具破坏性，让很多有才华的人处于平庸的地位。许多人满腹经纶，心智健全，但终其一生都碌碌无为，浑浑噩噩，这与他们的过度腼腆、自我贬值以及自我怀疑，自我轻视的心态有关。

纵观人生可知，那些腼腆、羞涩与自我贬低之人总是在心理层面、社交场合、商界或是专业研究方面处于劣势。别人可能会为他们感到遗憾与惋惜。他的朋友会说，他能力强，人品好，但这是不够的。缺乏自信、动力、洞察力以及向世界证实能力的勇气，他们将无法取得辉煌的成功。自视过低将极大地抵消他们真正的能力。

其实，每个人都拥有比自身想象更强的能力，也拥有比平常时候更强大的执行力。某些人的能力深藏在灵魂深处，只有在最为紧要之时，才会展露出来。只有在彼时，他们内心沉睡的巨龙才会苏醒过来，过往被他们所忽视的才能，都会在瞬间迸发出来。

责任催生能力。我们经常可以看到这方面的例子。当一个年轻人成为一个大型企业合伙人的时候，他的主动性、执行力、勇气以及所有能力都会因为擢升而得到巨大的提升。他会勇往直前，做一些当自己还是普通职员的时候想都不敢想的事情。平心而论，让他成为合伙人并没有直接增加他的潜能，只是让他对自己更加自信。事实上当处于更高的位置时，他会受到内心的敦促而敢于担当。所以，绝不要逃避责任，因为这相当于放弃了一个提升自身能力的机会。

若是爱迪生能发明一种可以提升所有男女天赋工具的话，无论花上多少钱，我们都愿意去支付。但世上就是没有哪个人，男或女，会没有能力通过正确的思维方式正面人生或是利用手中良机实现天赋的发掘。无论你所处的周遭环境如何让人沮丧，主动权就在你的手中，你有足够的能力去实现心中的目标，摆脱贫穷与匮乏，成为百万富翁。致力于拓展能力，将自身的能力发挥到极致，你将惊讶于自己所能取得的一切。

第八章

看上去就要像一个成功人士

当你走在你的朋友面前，你没有权利脸带一副酸溜溜的样子，

阴霾着别人的阳光，传播着疑惑、恐惧、沮丧以及悲催的病毒，

有时候，这更甚于身体上的伤害。

在形象与举止上彰显出自己的自信，这是迈向成功的首要一步。

无论是走路或是行动，都要有一个成功人士的款，

这样你就很有可能成为成功人士。

让你的脸庞洋溢着胜利的笑容，让你的举止风度彰显你的品格。

绝不要向这个世界露出你阴郁与悲观的脸孔，

因为这意味着你为自己的人生盖上了失败的印戳。

当一个人感觉有一种帝王感，他的行为就会有那般的气势。

当帝王知道了该有的皇家礼仪，

那么坐在宝座上的他，就会给人以威严之感。

当纽约国家城市银行前任行长弗兰克·范德里普还是芝加哥《先驱者报》的报道员之时，他就问自己的上司到底什么素质才对取得成功最为有益。上司迅速回答说："穿着举止看上去就是成功人士。"

上司的这句话在年轻的范德里普心中留下了极为深刻的印象，全然改变了他之前对此的一些观念，特别是在着装方面。从那时起，他开始注重整理自己的外表。他的上司让他明白了形象的重要性，特别是留下良好的第一印象的重要性。他确信一点：若是一个人在外表看上去不像是成功人士，人们就会认为此人没有足够的抱负或是取得成功的能力。而要是一个人着装端庄整洁的话，人们就会觉得此人必然是有所作为的。

哈佛大学的名誉校长查尔斯·W.埃利奥特曾说，一个人成功与否很大程度上取决于别人对他的看法，特别是那些与他素未谋面之人对他的看法。一个人的名声通过各种途径向四面八方传播开来，其名声的好坏，将对人们未来的事业产生重要的影响。

养成给别人留下良好印象的习惯是很重要的，因为这向别人证明你是一个成功之人，你必将会成为重要的人物，在这个世界上取得有价值的成就。让这个理念坚守在你所做的每件事情上，尤其在你的仪表上吧。让你所做的每一件事都让其他人不约而同地说："他是一个胜利者，我们要给予他足够的关注度。"

若你对自己能否获得成功感到忧虑，那么就从打造自己成功的仪表开始吧，让自己的穿着看上去像一个成功人士。倘若你总是给人一种失败与寒碜的感觉，给人马虎与邋遢的印象，一副没有活力与上进心的样子，那么你就不能期望别人认为你是一个做事富有效率、与时俱进之人。

当然，每个雇主都会有这样的经历：有时一个衣着不整或是邋遢的员工，身上的衣服很脏，扣子都不对齐，即使是很有才华之人，都无法给别人留下好的印象。以流于轻佻的方式来展现自身的才华，很多雇主都不愿意去冒险招这样的员工。

你的衣着，你的举止，你的行动，你的谈吐，所有这些都是你思想的流露方式，都有助于你取得成功，不容去忽视其中任何一个。这个世界是根据你对自己的评价来衡量你的。若你对此采取一种胜利者态度的话，世界都会为你让路。

很多人之所以难以起步，是因为他们没有给别人留下那种舍我其谁的霸气或是我不入地狱谁入地狱的慷慨印象。他们不知道自身在这个世上的声誉将决定他们到底能走多远，没有充分意识到别人对自己的信任是一种巨大的力量。

一位著名的医生或是律师的良好声誉很大程度上源于他们给别人留下的印象，这不仅体现在他们在履行自身职责的时候，也在于他们的外在表现上。

我们根据别人给我们留下的印象来衡量或是审视一个人的价值。胜利者的态度不仅激起自己的自信，也扬起别人对自己的信心。这种心理学上的反应是极具效应的。在言行举止上表现得与理想中的自己一样，那么，你将无意识地运用这些无形的力量去为你的目标服务。

让自己散发出胜利者的气质，给别人一种勇者无畏的姿态，敢于在这个世界上努力拼搏的印象——让别人感觉你终将成为一个大人物。我们要昂首挺胸，大步迈进。绝对不要畏畏缩缩，犹豫不前。不要因为自己占据了别人可能更适合的位置而感到抱歉。若是你有能力的话，你与别人一样都应该占据那个位置。若你没有能力的话，那你根本就没办法去跟别人争。

不论自己日后的人生会遇到什么，永远不要失去胜利的意识。要让人们从你的举止行为与精神状态中知道："我是胜利者。我从来没有在困难面前竖起白旗。我绝不后退。我要尽自己最大的努力。我不要做一个鬼鬼祟祟的人。我要做到自己的本分，抬头挺胸，勇敢地直面世界的风雨。"

你所处的形势越发险峻，前路越发崎岖，前景越发黯淡之时，你就更需要拿出这种胜利者的信念加以应对。倘若你总是士气低落，哀叹时运不济；若让人感觉到你形如枯木，心若死灰，那么，你必将是一个失败者。让我们永葆昂扬斗志，因为，只有积极的信念与行动力才能让我们去实现自己心中的愿景。

如果专注精力去实现自己的理想，那么世界上任何事情都不可能阻挡你取得成功。这种勇往直前的心态将使你赢在起跑线上，因为你正在朝向自己心中所想，朝向自己所相信的方向前进。笃信自己天生就是一个胜利者的心态，是人生中极大的推动力。人生的棋局，没有永恒的输家。即使面对一个残局，若我们行之有道，亦可扭转乾坤。而那些失败的弈者，往往是走错了方向，一着不慎，满盘皆输。

不知有多少人养成了多愁善感的习惯！他们轻易地让这些"忧郁的魔鬼"进入自己的心灵。事实上，他们在与忧郁为伍之时，深感自然，并且易于吸引随之而来的沮丧之感。哪怕是一点点的挫折或是困难，都会让他们无解地陷入忧郁之中。他们可能会说："挣扎又有何用呢？"这种心态让他们的工作显得贫瘠与低效，他们当然也无法去实现自己心中所想。

每当向沮丧低头，每当感到忧郁之时，你都在往后退。这些破坏性的思想正在将你努力去营造的事物摧毁。沮丧之感的袭击，想象自己处于失败与贫穷的状况，这些念头都能迅速地夷平我们辛辛苦苦为之努力的一切。

让你的心灵浸泡在对美好事物的希望与期望之中吧！相信自己的未来不是梦！深信自己一定能脱颖而出，让你的心态始终保持一种成功的念头。绝对不要让成功与幸福的敌人去占据你的心灵，否则它们就会让你处于其恐怖的控制之下。所有摧毁你的希望、雄心或是破坏你过往辛辛苦苦营造的美好思想、情绪与念头的东西，都应该统统滚蛋。要是你不想为人生创造更多的失败或是贫穷，若是你想实现成功，就应多保持乐观的念头。

让你的品格与自己的人生都朝向胜利与光明的一面吧。要对自己抱着积极向上的心态，对自己的未来与日后的事业抱着阳光的心态。这种心态将为你实现自己的理想以及愿景创造积极的环境。

"前进吧！要勇敢、无畏与安静地前进！

这样的人，谁能阻挡？！"

我觉得带给人生最大满足感的习惯，莫过于意识到自己养成了胜利者的心态，对生活采取一种胜利者的态度，无论是在走路、举止或是仪表上都像一个胜利者。这般心理态度若总是占据你的心灵，就会让你实现不断的超越。

成年人最难克服的一个顽固习惯——也是他们效率低下的致命原因——就是他们年轻时期养成的那种认为自己必然失败的习惯。永远都不要让自己养成这样的恶劣习惯。

成功的状态才是每个人的正常状态。每个年轻人都应该对人生抱着胜利的态度，认为自己就是一个胜利者，因为这才是自己本该有的状态。只有当每个孩子都学会了对人生抱着胜利态度，他们才算是真正地接受了教育。在生活中取得胜利，这才是真正教育所要灌输的。

人生中最伟大的奖赏都属于那些勇敢、无畏与自信的人。一个羞涩、犹豫不决之人，停下脚步聆听内心恐惧的人，只能让良机从自己的身边溜走。

若你发现自己趋于羞怯，缺乏勇气与主动性，或是当自己心中想要的时候，却不敢说出或是发表自己的观点；若当你本该沉着、自信之时，你却表现出脸红、手脚发僵，那么，你可以通过努力让自我变得勇敢起来，让你不再那么尴尬无语，在任何场合都能自如应对。我们要时常向自己的内心灌输勇气与英雄主义。在公共场合或是任何人面前，绝对不要让自己显得羞涩或是怯弱，不要害怕说话或是表现得扭捏。要肯定自己就是一个勇敢的人,你是绝对不会羞于做任何适当与正确的事情的。

在别人面前展现你的步伐,让人感觉你是一个勇敢与自信之人,全然深信自己的能力,你就有能力去与别人展开真诚的对话,迈向自己开阔的人生。

对于自己的未来与梦想要抱着必然胜利的心态,要相信,只有抬不起的脚步,没有走不尽的前路。要学会散发胜利者的魅力,让自己的一言一行都代表着自信、力量、娴熟与胜利之感。让任何与你接触的人都感觉,你是一个天生的胜利者。

活在世上,你不能让别人觉得,人生对你来说是失望的,对你而言似乎没有任何特别的理想。若你想让自己做一番与众不同的事业,若你想在这个世界上有所影响,你就必须振作起来,让自己保持在一个很高的水准。不要给人留下敷衍了事的印象。穿着整齐,积极向上,努力奋斗,让世人能够看到真正的你。那么,你将看到自己想要看到的,而不是那些让自己感到恐惧的事情。你终究会迎来自己梦想成真的那一天!

第九章

如何追梦

我们内心的愿景，我们灵魂的渴盼，这些都是对未来的一种预兆。

这些梦想彰显了我们的可能性与我们所可能取得的成就。

当你下定决心要实现自己人生理想的时候，

那么，你就向自己的理想迈出了第一步。

但是在这个过程中，你不能停下自己的脚步。

紧追自己的梦想，不断地将之视觉化，不断培养梦想的枝桠，

在内心中将自己盼望已久的东西视觉化，日思夜想，

并尽自己最大的努力去将之变为现实

这样的人生才是真实的，富有意义的。

我们梦想的能力让我们得以企及我们内心盼望已久的现实。

只要梦想尚存，就是真实的，

但，谁不是活在梦里呢？

——丁尼生

戈登·H. 塞尔弗里奇，马歇尔·菲尔德公司的前任总经理，前往伦敦建立了一家类似于马歇尔·菲尔德模式的大型商店，向梦寐多年的理想迈出了最后一步，在跨过大西洋之前，他的内心已经建立起一幅版图，而英伦大陆就是下一站。在心灵的窗口，塞尔弗里奇看到了自己必将取得非凡的成就。他说："顾客蜂拥商店购物的景象，早在我踏足英伦之前，就在脑海里预演过了。"

　　自从萌发要在伦敦开商店的念头，塞尔弗里奇就一直在内心中将之视觉化，想象整个系统的架构。他的心中一直保持着这个梦想，从未动摇，并且抱着坚定的决心，直到这个愿望实现。他绝对不允许自己的梦想被打破，被疑惑、恐惧、不安或是自己朋友善意的劝告所动摇。朋友们曾好心劝他："千万不要在英国开商店，因为英国人都是守旧派，你在那里会输得很惨。"他觉得英国人并没有他们所说的那么古板，将质疑一笑置之。他深信美国的经营方式会受到英国人的欢迎。马歇尔·菲尔德式的成功，可以从美国移植到英国。

塞尔弗里奇商店取得了空前的成功，成为伦敦的一道景观。这个事实再次证明了一个道理：那些追梦者与实干的人，总比劝人放弃理想的人更有希望。在这个世上，那些真正伟大之人，不论他们处于什么年龄段，无一不是追梦者。他们心中都有一个愿景，并且在心中将之想象成自己要达成的现实。在他们采取实际行动之前，已在内心想象实现渴盼已久的梦想了。

诸如哥伦布、史蒂文森、查尔斯·古德伊尔、埃利斯·豪依、罗伯特、富尔顿、塞勒斯·W.菲尔德、爱迪生以及贝尔等人——这些伟大的探索者、科学家、发明者与慈善家、创造者或是哲学家们，他们都将人类文明向前推进了大大的一步，为人类的福祉做出了巨大贡献。这些人都是梦想者，内心的一股理想之火历经岁月的磨炼，仍然烧得通红。他们中许多人都曾饱受贫穷、迫害、嘲笑、压迫以及各种苦难，但他们都没有放弃自己的理想，直到他们让梦想成为现实。他们都明白一个真理：人要是没有了梦想，跟咸鱼有什么区别呢？

当对成功男女的圆梦之道进行研究时，我发现他们无一不是意志坚定者，而且心中对想要实现的事情有着强烈的预见性。他们既是梦想者，又是坚定的实干家。他们紧紧地把握自己的梦想，直到梦想变成现实。他们是天马行空者，让心灵有多远飘多远，但是，飘过之后，他们就埋头苦干，为这个飘远的梦想去踏实奋斗。

当莉莉安·诺迪卡还是一个贫穷的女孩之时，她在缅因州家乡的小教堂唱诗班里歌唱。当时，家乡人认为女孩站在台上表演是非常丢脸的事。诺迪卡不这样想。她始终幻想着有朝一日会担纲舞台首席女声或是歌剧女伶，从家乡的小教堂到欧洲的皇室都遍布着她的歌迷。

亨利·柯雷年轻时曾在弗吉尼亚的农场苦练演讲术。他将家禽视作台下尊贵的嘉宾，从不欺场，最终练就了流利的口才。当华盛顿还是一个十二岁的少年时，他就觉得自己日后就是当领袖的料，必将会成为殖民地一个有影响力的人，并将成为一个新诞生国家的领袖。

当年轻的约翰·沃纳梅克还在费城街头推车送衣服的时候，他想着自己有朝一日会成为这座城市最大一家企业的老板。当时贫穷的他就已经想象日后必将成为有重要影响力的商人，在世界商界举足轻重。

当卡耐基还是一个少年之时，他立志要成为钢铁领域的巨头。年轻的查尔斯·M.施瓦布也是一样，他当时还是一个普通的员工，在家园公司工作时，就对老板说，他想要的，不止是薪水，他要成为公司的合伙人。只有这样才能满足内心的愿望。

在这里，必须要说明一点，即这种对未来目标的视觉化并非是海市蜃楼或是卑微的自我表现。相反，这能驱使我们要去超越自我，让未来的美好进入我们的双眼。

最终突破重围的人，基本上都是以下这些人：他们能将目前还不存在的东西视觉化，并看到在未来的某个时刻，自己将会将其变成现实；他们能在别人看不到机会的领域，看到一个繁荣发达的产业；在别人只看到一片茫茫、布满灌木篱丛的碱性土地或是千里没鸡啼的荒凉地方，他们看到一座挤满人口的城市；在别人只看到失败、匮乏、贫穷与痛苦的时候，他们看到能量、充裕与成功。

正是这种对未来的视觉化能力，让詹姆斯·J.希尔成为了西北部著名的建筑大王。他梦想着建筑一个庞大的铁路系统，让铁路两边数百万公顷的良田得到开垦，让荒芜的沙漠得到清泉，绽放出鲜艳的玫瑰。超前的想法让他遭受了许多同事讥讽的唾沫，而那些笑他异想天开的人，最终都默默无闻，每想起希尔的卓越预见就默默垂泪。他们不知道，成功的巨大秘密就在于将梦想视觉化，并且让其变成现实。许多人不敢相信自己的梦想，总是将自己的梦想之火当成白日梦掐灭。

很多人似乎认为，想象力或是幻想力只不过是大脑无关紧要的附带功能而已，并非人们所必须要使用的基础能力。他们对此从不加关心。但据那些研究心理规律的专家发现，这种想象的能力是心灵最重要的能力之一。我们开始逐渐认识到，对未来视觉化的能力就好比一个时光信使，让我们提前感知未来。换言之，我们开始意识到，自身对未来的想象就是我们未来的写照。我们心灵对未来的心理图像，就是通过我们一步一步的具体行动，让其渐渐实现的。

例如，一个不想往建筑、艺术、商界或其他领域发展的年轻人，就不会被上述这些问题所困扰。因为这些领域对他没有吸引力。若某个女孩在音乐之外的天赋更为明显，那么她的心中是不会想着有朝一日走向音乐这条道路的，自然也不会被这个音乐梦想所缠绕。任何人都不会被他们内心不想追求的东西所牵绕。我们所追寻的，只是属于自己独特的梦想，因为只有我们才有这个独特的梦想，要相信我们天生就有这种特殊的能力去实现这个梦想，将之变成现实。当然，我所说的梦想不是白日梦，或是一时闪过脑海模糊与不明确的念头，而是内心真正的呼唤，灵魂的渴盼，萦绕着我们未来梦想的画面，催促我们每时每刻都在不断努力，直到梦想成真。所有的未来都以想象的方式预存于心灵中，而每一幅想象的画面都是由当时的心理状态制造出来的。梦想预示着我们的未来。

大多数人之所以一事无成，就是因为我们没有充分地培养这些梦想与心灵的愿景。在大厦建成之前，必须要先有一个蓝图。我们都是像爬梯子一样一步步爬进梦想的天窗。正如同雕刻家创造作品必须先在心中有一个轮廓，才会用双手去雕刻出来。坚持追随自己的理想，紧紧抓住自己的目标，让愿景在心中萌芽，只有这样，我们才能将自身的潜能全部激发出来。呵护我们的理想会让这种心理景象更加清晰，更加直白。这个心理过程将让我们实现对未来生活的建构，描绘出轮廓与细节，从茫茫宇宙中吸取无形的能量让我们的梦想成真。

将自己渴望取得的成就视觉化，在脑海里幻想成像，尽可能地将之生动与强化，是对实现理想最为有益的帮助。因为，这会让心灵去吸引你所要追求的东西。我们可以看到，许多年轻人将心智集中于某个特定的目标，取得了让人惊叹的成就。医学专业的学生在心中以成为杰出的医生为目标，几年后，我们会惊讶于其精湛的医术。因为他总是不断地将这个目标视觉化，不断地加以强化，将自身的潜能都发掘出来，并且持续不懈地努力，终让他实现了自己的理想。

无论你只是一个打杂的或是普通职员，也要想象有天成为这家公司的合伙人或是自己成为老板。没有比将自己的理想视觉化，将自己想象成心目中想要成为的自己，更让人直抵心中的理想的了！坚持对梦想的视觉化吧，同时还要脚踏实地去努力撷取自己的梦想。若是这样的话，还有什么能阻挡梦想前进的脚步呢？

　　每个最终取得成功之人，都有意或无意地采取了这样的心理视觉化做法。正是因为沿着理想的方向去阅读、思考、想象与工作，让托马斯·爱迪生不断地探索、研究、发明，直到成为世界上电力方面最伟大的发明家，成为了"门洛帕克的巫师"。

　　在人的心灵而不是外界，存在着一股巨大的力量，与茫茫宇宙中无尽的能量与不竭的资源相一致。正因为如此，人类才会在多个领域取得难以置信的成就。这种潜在的能力就在你的身上，等待着你身心和谐之时去开发。而开发这些潜能的第一步，就是要将自己想要实现的目标视觉化，想象自己想要成为的人，要达成的目标以及自己想要做的事情。若是没有了这样的第一步，接下来的创造性过程是绝不可能的。

　　不论发生什么，心中都要坚守这个念头，你可以成为自己想要成为的人，你可以去实现自己的目标。可能一时紧迫的责任或是义务让你后退，可能周遭所处的环境阻挡着你成功的步伐，可能你会被周围的人误解，被朋友或同事责备为只顾私利的自大狂，甚至被亲人骂作不可救药的疯子。无论如何，你要继续坚持，不改本色，失意时不失大志，拥抱梦想，细心呵护，努力让梦想照进现实。

第十章

当沮丧袭来，如何应对

意气消沉不知让多少人洋溢的热血冷却，不知让多少人的希望付诸阙如，不知让多少本该朝气蓬勃的人生枯萎与压抑。

当心情低落之时，绝对不要做出决定。不要让内心脆弱的一面将你的心灵占据。

当你的心灵萦绕着恐惧与疑惑的时候，你是缺乏正确判断力的。良好的判断力源于一个心智完全正常的大脑。

每当你跌倒的时候，你是否有勇气与毅力去对抗沮丧之感，敢于去应对失败所带来的挫败感，再次奋起呢？你能忍受别人的批评、误解、辱骂，而不退缩与示弱吗？当别人都后退之际，你是否还有坚持的毅力继续前进；当身边每个人都放弃之际，你是否还想着继续战斗？若你能做到这些，你必将是一个胜利者。任何挫折都无法阻挡你驶向自己的理想。

"你不行的"，这句话不知让多少有才之人意志消磨，未曾放手一拼却已撒手尘世。我们在生活中，随处可以见到那些"你做不了的"的例子。每当你想要迎接挑战，总会有人告诫你不要冒进，不要走那条路，因为那只会引向灾难。除非你有非凡的毅力以及永不放弃钢铁般的意志与决心，否则就容易陷入沮丧之中，而一旦你陷入沮丧的圈套之中，你的主动积极性就会消退，你将有劲也使不出。

沮丧之心遮蔽我们的双眼，致使我们无法看到所有有益与友善的事物。它摧毁我们的能力、勇气与自信，降低我们的办事效率，让我们的才能无法得到正常的发挥。

　　医生都清楚，沮丧悲郁之心影响病人的康复程度，而且还让治愈显得不太现实。而心态乐观与积极向上的病人，相比那些总是唉声叹气与忧郁寡欢的病人，康复的概率更大。挫折让人情绪低落，而当一个人情绪低落之时，他是没有心思去做任何事情的。在人生的战役中，沮丧的人还没被击败就已经倒下安息了。精神低落、状态萎靡、勇气不复、希望全失，这会像瘟疫一样扩散，造成更多的失败，让更多人绝望之际选择自绝，让更多的人精神失常。我希望那些饱受沮丧折磨的人能看清沮丧之心是如何摧毁他们的人生的。

　　我认识一些人，他们总是被悲观与沮丧的心情所压抑，意志消沉，情绪低落。他们这样只会阻碍自身在未来取得成功以及获得日后人生的幸福。他们可能因为临时失业，沮丧之感就充溢心头，内心只剩下黑暗与压抑。在他们本该去做一些美好事情的时候，却选择了做一些不明智的事情。他们只能看到内心构筑起来的阴暗的心理图像，丝毫没有察觉到在自己周围充满了阳光、积极与欢乐的世界。

　　我们都深知，忧虑、沮丧会引起身体发生化学反应，产生一种有害的化学物质。这些有害物质将降低身心的抵抗力，让人空虚涣散，遭受各种疾病的侵袭。今时今日，仍有健康欠佳之人处于贫穷的环境之中，总是带着怨恨与不满在工作。要是他们能处于开心幸福的状态，表现得会更优秀。

　　在我的工作中遇到最让人感到悲哀的事情，莫过于看到失去勇气与理想之人的一声叹息。他们写信给我说，他们自毁了前程。没有理想的生活，整天好比行尸走肉，活在无望的深渊之中，只等着去西天的日子一天天地靠近，真的是好折磨人啊！他们满纸辛酸泪："哎！要是当年没有因为一时的沮丧而放弃，要是没有因为该死的思乡病而离开大学就好了！""要是我当年能坚持自己的经营，现在我已经成功了。若是我当时能稍稍坚持久一点，那么，我就必然能取得成功！但是，我丢失了信心，内心满是沮丧，做出了退而求其次的抉择。自从我怯懦地放弃了自己的理想，远离了心中的目标之后，我以后的日子就再也开心不起来了，唉，岁月就这么耽误了。哪还有亡羊补牢啊，为时已晚了！"

今时今日，仍有很多人在低层的位置上苦苦挣扎。要是他们从一开始不向沮丧低头，不毁掉自己人生希望的话，那么，他们就会有更大的成就。对很多失败的人而言，劳碌一生无所收获，十有八九是因为他们没做好应对失败、挫折的准备；面对突然袭来的风雨，撒腿跑，不回望，待到果实成熟的季节，自家树上徒有茂叶，黯然独神伤。

有些人的心态总是善于趋向于忧郁。他们就如卡莱尔所说的"自我悲惨的能力很强啊！"我认识一个女人，她总是让自己面向忧郁与沮丧的方向，任何一点不顺的鸡毛蒜皮的小事都会让她深感苦闷。她的心似乎是个装载忧郁的大容器。诸如沮丧、忧郁、绝望、恐惧、担忧以及其他消极的心态无不轻而易举地侵袭她的心灵。这些悲观消极的心态让她在数天的时间里饱受痛苦，将所有的幸福、勇气以及自信都驱赶掉了。

一味沉浸于忧郁、病态与悲伤的情绪之中，这对性格的发展与取得成功来说是很危险的。过不了多久，这些情绪就会变成一种习以为常，一种疾病。那么，以后凡是遇到每一个小小的失望，都会让惯于趋向此等思绪的人们心理失衡，失去工作的热情，降低办事效率，有时甚至会降低人们的工作能力。最后，这种情绪就像细菌侵入我们的体内，让我们麻痹，失去所有的主动性、力量与能量，让我们失去所有做事的欲望。我认识某人，他总是习惯沉浸于悲郁的情绪之中，这让他的整个人显得很悲惨与无助。他的这个例子，就生动地表明了不幸思想所带来的毁灭性力量。他给人一种郁郁不得志的感觉，好像总是有劲使不出来。他的潜能仍深深埋在他的体内，没有被挖掘出来。他的心中总是被恐惧、忧虑与焦虑所困扰。沮丧之感将他包裹得严严实实。他的态度、举止、言行无一不散发出萎缩与忧郁的气息。他的这些表现，完全是因为自身受制于这种不幸的情绪之中。他的内心很愤懑，时常感到不安与不幸，这些消极的情绪源于感觉自身理想的失落。虽然他一辈子都很辛勤地工作，但是过分敏感的心灵与沮丧的脸孔让他的效率减半，让他始终无法得偿所愿。

心想事成的富足之道 ／ 拒绝什么，也别拒绝财富

一颗强大心灵的标志，就是可让信念不为境所迁，有能力去克服沮丧、精神的忧郁感以及那些病态的情绪低落，抑或是所有趋向于懦弱与自我怜悯的倾向。不论发生什么，不论遇到什么让心灵后退的障碍与考验，或是一时有所倒退，他们都始终没有在失望与失败之下放弃希望。并非他们没有感受到这些东西，而是不想因这些东西将自己的目

标晾在一边，或是让这些东西击溃理想。

阻挡我们通往成功之路最大的拦路虎，就是我们的内心。换句话说，凭借着积极思想的帮助，我们可以驱赶这些敌对的思绪，锻炼心灵去面向阳光，而不是阴暗的一面。勇敢与富有希望的思想可以立即将阴霾与阴郁的思绪赶得无影无踪，正如酸性可以中和碱性一样。这种心理法则就像物理定理那般毋庸置疑。我们不能让两种相敌对的思想共存。其中一种思想必然会消弭另一种思想或是将其赶走。在心灵持久地保持积极、勇敢与建设性的思想，就能将消极、毁灭性与恐惧的思想赶走。

威廉·詹姆斯曾说："悠然地吹着口哨，能够保持人的士气。另一方面，如果整天都处于闷闷不乐，唉声叹气的状态或是对任何事物都报以哀怨的想法，抑或被忧郁之心缠绕的话，我们则会朝着相反的方向前进。"因此，我们自身的思想与行动，可以带来勇气或是沮丧。换言之，我们能随意地改变我们的心理态度，而改变我们的心理态度就能改变我们所处的状况。

坚定地把握住乐观的心理态度，你就将惊讶地发现这将带给你巨大的勇气，所谓的困难将在你的脚下臣服。

"你被击败了，但是这支军队并没有被击败。"这是每一个常胜将军对那些因为战斗失利而感到沮丧的士兵所说的话。诸如福煦、格兰特以及所有拥有坚定不移的信念和勇气的人，他们常常能反败为胜。

记住，当你感觉自己处于某个绝望与沮丧的情景之时，世上正有某个能力与你相当的人从中看到与众不同的机会。

某位著名的科学家曾说，当他遇到某些看上去难以逾越的障碍之时，他总是会有一种预感，即此时自己正处于某个重大科学发现的边缘。对于一个人来说，最为重要的时刻，就是当前路一片漆黑，看不到曙光之时，能坚守自己的信念与勇气。当所有事情都看似在与你对抗，当疑惑与沮丧正肆意地引诱着你放弃，让你后退，怯懦不前的时候，此时正是你最接近自己梦想的时候。

我是谁？

我，会摧毁人的能力，扼杀理想与渴盼，破坏人的能量，绞杀机会。

我，是世间很多痛苦的根源呵！我，是很多人类悲惨与损失的根源呵！我，是世间悲剧与苦难的根源呵！

我，曾无数次地诅咒过人类，让他们郁郁不得志，扼杀他们满溢的才华。

我，不知让多少人折寿，不知让多少人进入精神病院，不知让多少人自尽或是身陷囹圄。

我，让大脑中毒，让效率降低，摧毁美好的事业。

我，让人得不偿失，让人失去适合他们天性的东西，让他们无法享受自己所想的。

我，让世间的男女穿着廉价与寒碜的衣服，脸庞看上去悲观与沮丧。而他们原本应积极向上，穿着整齐，富有魅力，过得幸福。

　　我，遮蔽着希望的阳光，让人们以灰暗的眼光去看待世间一切。因为我，他们只能看到事物阴暗的一面。

　　我，让人失去活力，让那些原本身体健康的男女逐渐地将身体搞垮。

　　我，是恶魔最有效的爪牙。人们只需稍稍让我在某个心理时刻进入他们的意识之中，我，就会摧毁那些最具野心与才华的天才。

　　我，让心灵饥饿与枯萎，让很多人处于愚昧无知的状态。

　　我，时常乘虚而入。当人感到失落，不顺心，在那该死的忧郁又泛上心头的时候，就是我发威的时候。当人感到疲惫、劳累或是衰弱的时候，我就可轻易地走进他们的心灵。因为彼时人的心智还不灵敏，做事还没那么果敢。

　　我，发现最适合我工作的时间，就是在午后。清晨，人的心智清醒而坚定，充满着活力与能量，洋溢着激情，很难向我屈服。但是在午后，当身心都开始被工作消磨掉锐气之后，整个人都感到疲惫之时，我就可以开始攻击了。除非人有足够的警觉性，否则，肯定会受我的控制。

　　我，是世上最牛的毁灭者。一旦我闯进了心灵，可让一个巨人确信自己就是侏儒，变得无足轻重。

我，会轻易进入人们的心灵之中，特别是当他下定决心要另辟蹊径，不走寻常路的时候，我就会弱化他们的激情，熄灭他们的热情，让他们感觉无力并无望。我会在他们耳旁细语："慢慢走，最好小心点。很多比你有能力的人正是想这样尝试的时候都陷入了死胡同。现在不适合这样做的。你最好还是等一下吧。慢慢来吧。媳妇也有熬成婆的时候啊！"

我，对人没有任何补偿的本性。我对人的影响是巨大的，这是那些帮助人类实现潜能的美好与高尚素质所不能比拟的。

我，就是沮丧。

第十一章

如何让潜意识为你服务

当世上所有的人都知道如何让潜意识为自己服务的时候，

那将不存在贫穷，没有人会处于焦虑与痛苦之中；

人们不会感到不幸，也不会成为理想旁落的牺牲品。

你的潜意识思维就像一个花园，对于要在这个花园里种植什么，

你必须要十分小心。

每一种思想，每一种情感甚至每一个建议，

都会在潜意识的土壤里像一粒种子那般发芽，

之后就会带给你自己所想的东西。

若你能在自身富有创造性的意识里深刻而且坚定地将某些事物视觉化，

将你决心要做的事情牢牢把握，

若你想要成功地实现自己心中所想，

尽自己最大的努力去实现心中所想，

那么，世上就没有任何东西可以阻挡你迈向成功。

我预测在二十五年之后，当一般人懂得了潜意识运作所具有的巨大力量与可能性，认识到自身潜在的神奇力量之后，他们所取得的成就将超过过往所有伟大人物所创造的一切。

科学已经向我们揭示了身体运行的机制，并且掌握了身体神奇的构造及行动背后隐藏的秘密。但是关于心灵的神秘之处现阶段仍是不为人知晓。只有很少人真正发挥了自身所潜在的巨大能量。

当人处于睡眠之时，身体处于无意识状态，其所有的自然行动都会暂时中止。但是，大脑在身体进入睡眠状态之后去干吗了呢？我们都知道它并没有也跟着睡觉。身体沉睡之时，记忆与想象力都悄悄地溜出了，信马由缰地飞驰。记忆与想象力可以游荡在过往的情景或是对自己的未来有所思量。此刻，它们可能身处加利福尼亚，突然又到了伦敦，倏忽又到了巴黎，甚至飘到了广袤无边的远方星星之上。那它们的存在又到底意味着什么呢？或者说它们是否存在某种有形的状态？但是可以肯定的一点是，当人体进入睡眠状态之后，它们如脱缰之马，完全处于自由自在的状态。

就事情的结果而言，任何事情的顺利完成都取决于我们在潜意识中运用某种程度的智慧。因为，潜意识无时无刻不在将我们每一种思想、情感、欲望加以利用。它不眠不休，永不间断地接收从主观意识中得到的指令，并努力将之变成现实。人们习惯性的思维、信念、愿景，所有这些都在潜意识里留下深刻的印象。而这些印象最终也会在我们的生活中得到彰显。换言之，你的潜意识就是你的仆人，一刻不停地在运作，说一是一，从不含糊，也不会对意识所发出的指令有所疑问，而是像老牛一样殷实可靠。无论这是大事或是小事，无论是对或是错，都会一一遵守，从不违背。

心智饱经训练之人会将各种事情交给潜意识这位忠实的秘书去做，从过往的经验深知它会忠实地为自己服务，不仅是在小事上，例如在晚上或早上某个特定时间唤醒他，在生活中一些重要的事情上也是如此。爱迪生曾说，当他遇到某个一时难以克服的困难之时，或是自己对于如何解决这个问题一筹莫展的时候，他的做法就是去睡个觉。当他在第二天醒来的时候，发现很多问题都会自然而然地得到解决。因为，在他睡觉的时候，潜意识以他所无法想象的方式帮他解决了。

我认识不少杰出的商人或是专业人士，在他们遇到与爱迪生相类似的情形时，在做出任何决定之前，他们都会暂时放下，先睡上一觉。事实上，这是世上最为平常的事情了。当我们在苦苦地思考某个问题的时候，我们都会这样说："在做决定之前，我必须要先睡一觉。因为这太重要了。"我们可能自己也是懵懵懂懂，不知其中奥妙。但是这种行为的真正解释是这样的：当你睡觉的时候，你的意识就处于隐退的状态，此时潜意识就会出来帮你处理你要面临的问题。而在第二天早晨起来，你就会发现，自己所想的问题都已经得到解决了。你的潜意识进入了你的心灵之中，给予你它的建议，让你做出正确的决定。

当所有人都知道如何让潜意识为自己服务的时候，世上将会没有穷人，也不会有那么多的哀怨与苦难，要知道有那么多的人身体不佳或是饱受煎熬，抑或成为理想旁落的失意者。我们都知道，自己所要做的，就是让我们梦想成真，让自己经常地想象富足与幸福。这样就会给我们这位无形的仆人正确的指令，并做出必要的努力让我们去实现。

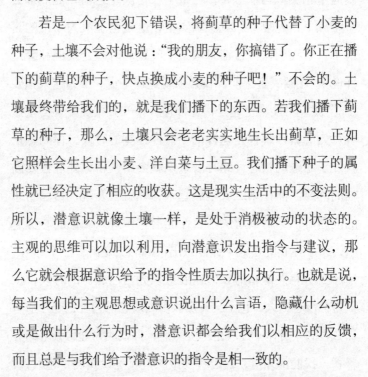

虽然潜意识作用于我们思维与意识的力量是极为强大的，但是潜意识本身是不会创造的。因此，真正重要的是，你给予自己的潜意识什么样的材料去运转。你可让其成为你的敌人或是朋友，因为它既可以伤害你，也可以给你带来保佑。这并非是因为潜意识有种邪恶的倾向，而是因为它缺乏辨别力，正如土壤不会因为农民种下什么种子而改变自己的成分。

若是一个农民犯下错误，将蓟草的种子代替了小麦的种子，土壤不会对他说："我的朋友，你搞错了。你正在播下的蓟草的种子，快点换成小麦的种子吧！"不会的。土壤最终带给我们的，就是我们播下的东西。若我们播下蓟草的种子，那么，土壤只会老老实实地生长出蓟草，正如它照样会生长出小麦、洋白菜与土豆。我们播下种子的属性就已经决定了相应的收获。这是现实生活中的不变法则。所以，潜意识就像土壤一样，是处于消极被动的状态的。主观的思维可以加以利用，向潜意识发出指令与建议，那么它就会根据意识给予的指令性质去加以执行。也就是说，每当我们的主观思想或意识说出什么言语，隐藏什么动机或是做出什么行为时，潜意识都会给我们以相应的反馈，而且总是与我们给予潜意识的指令是相一致的。

有些人凭借无比坚定的信念与自信唤醒了自身潜在的沉睡能量，并且无意识地遵从了控制潜意识的法则。当你发现某位男女在做一件与众不同的事情，或是为了某个伟大的目标而英勇地奋斗之时，你会发觉，他们不断地对潜意识提出要求，强烈地专注于目标，始终保持自信的心态，他们就是这样一步步地实现人生理想。他们这样做其实是在有意与无意中遵循了这种法则。举个例子吧：路德·博班克在种植这个领域中取得了巨大的成就，因为他对自己有着极高的要求，让他的潜意识或是自我为之服务。他从不让是否能够实现这样的疑惑或是恐惧阻挡自己前进的步伐。他对自己立下要求，发出指令，凭着坚持不懈的努力，这些内心的要求与指令都被忠实地执行了。同样的情形也出现在居里夫人身上。无论是否对潜意识有所了解，她在科学领域做出了最瞩目的成就。我们也完全可以像他们这些有成就的人一样，顺应这条法则，那么我们也能实现自身的目标，达成梦寐以求的理想。

意识到潜意识中具有挖掘最深藏能量这一事实，是让人获得无尽创造力与不竭动力的重要因素。若是潜意识中的能量被唤醒或是加以利用的话，我们就将会做到别人眼中所认为"不可能"的事情。不论你的目标现在看起来多么不现实，但是，你的理想，你心灵的欲望都预示着你即将要获得什么，当然前提是你要尽自己最大的努力。

只有在我们处于绝境之中，我们才会真正触摸到自身的力量，我们才可能触发潜在的力量。今天很多身处失败大军的人们，几乎没有足够的能力去让自己过活。要是他们能唤醒自身沉睡的能量，他们是有能力去做让人觉得不可思议的事情的。

困扰大多数人的一个问题，这甚至同样困扰着研究此类问题的专家，就是我们对自身的要求是那么的不足，对内心的召唤是那么的虚弱无力，时断时续，根本无法对潜在的创造性力量造成重要与深刻的影响。潜意识缺乏足够的力量去将人的欲望转变为现实。

当所必需的条件满足之后，控制潜意识的法则就会丝毫不差地运作。顺从潜意识的法则，而不要与之背道而驰，那么，任何障碍都无法阻挡你向成功迈进。换言之，让你的潜意识为你服务，而不是成为阻碍你前进的障碍。给予潜意识正确的思想，发出正确的指令以及真正去为之努力，让潜意识中充满成功的思想，赶走失败的念头；洋溢着欢乐与希望的思想，驱赶阴暗与沮丧的念头。绝对不要抱着与自己理想所不相称的念头。无论你处于怎样的境况，不论前方多少障碍阻挡，都要坚持主动地将自己必将取得成功的画面视觉化，刻在脑海之中。绝对不要让疑惑或是恐惧的念头遮蔽你的心灵。而是要坚信自己，无论怎样，自己都将会实现梦寐以求的目标。那么，你将会惊讶地发现，潜意识这位忠实的秘书将会为你服务，让你自然而然地取得成功。

这种内在的创造性力量在夜晚要比白天更为积极活跃，而且特别倾向于我们在睡前给予积极的建议。在睡眠状态中，有意识的思维是迟钝的，但潜意识仍旧毫不间断地运转，没有了白天时常受到的压制与阻挡，可以自由自在地运作。因此，你给予自身在工作时正确的信息与模式是极为重要的。

在你临睡前灌输积极的念头，潜意识将会在你休眠的时候帮你实现你的目标与理想。绝不要让自己带着疑惑与悲观的心态入睡。任何时候都不要让疑惑或是恐惧阻挡创造性思维的运转。犹豫不决是我们的天敌，它让我们的努力白费，扼杀了不知多少人的成功之梦。无论你尝试去做什么，都要确信自己必然会取得成功。让内心富有创造性的力量迸发出来，按照你给予它的模式去运作，那么你将得到自己想要的结果。

第十二章

让健康与富足的思想进入身体的每个细胞

要按照自己希望实现的未来思考与谈论，

这对你自己与你的未来而言很重要。

要让你身体的每个细胞都意识到，你就是它们的主人。

活于世上，你是一个统治者或是被统治者，是一个主人或是奴隶，

它们都会知晓，并据此做出反映，

进而反馈到你的生活、思想、动机以及信念之上。

你所处的状态将根据它们所反馈的心理态度来决定。

让你的细胞充溢着健全、统一与完美的信念，给予它们足够的刺激。

身体里所有细胞以及各种器官的运作会根据我们的思想而改变。

当医生对简·亚当斯——一个刚从大学毕业的年轻女生——说她还只有六个月可活的时候，这位女生勇敢地说："好吧！我会在余卜来六个月的时间里为人类做一件我想做的事情。"

接下来发生了什么呢？她的决心是如此之坚定，在她身体的每个细胞中都留下了难以磨灭的印记。从大脑到心脏，从指端到足尖，强烈的信念向每一个细胞发出重塑健康的指令。在当时医学权威做出死亡预言的八年后，她建立了赫尔大厦——世界上著名的芝加哥安置所。后来，她成为一位具有国际影响力的人物，在现代重要运动中屡次扮演了领袖的角色，不断推动着世界的进步。

假如亚当斯当时心灰意冷，对人生与工作完全失去信念，那么消极的信念将会让她身体的每个细胞都烙下悲观的印记。医生六个月的死亡预言则可能一语成谶。因为她身体的细胞会完全呼应医生的论调，放弃修复身体的努力。那么，世人也不会知道存在着简·亚当斯这个人以及她所做的伟大工作。

亚当斯女士能够将死亡的思想驱赶出心灵，那我们就能按照自己的心境来改善自身的身体状况。若我们不满意现在自己的体质，就完全可以去努力打造一个全新的自己。因为构成身体的微小细胞都是具有生命力与工作着的存在体。这些细胞就像相机里的感光板，记录下来每次进入我们意识的情感、思想、印象以及情绪等画面的轮廓。

有一本非常有趣的书叫《细胞智慧》。该书的作者曾说："每个细胞都是有意识、有智慧的生命体。通过理智来建构或是创造出所有的生物。同理，人类建造房屋、修建铁路或是其他建筑时也是如此。也就是说，每个细胞在构造身体的过程中都发挥着自己的作用，让人生之路沿着我们所预想的陆续前进。"

我曾看到一个人因为消化不良而喋喋不休。每次当他坐下来准备吃饭的时候，他就开始抱怨这些食物让他很受伤。他会说："我不能吃这个，我的胃消化不了。我无法消化这个，不能消化那个。要是我真的吃的话，那么肯定是消化不了的。我希望自己有一个消化正常的胃系统，而不是像现在这样伤不起。"任何一个稍有智慧的人都知道，当他让如此不协调的思想进入细胞之中时，又怎能期望自己的消化器官和谐运作呢？这些器官就像小孩或是员工，一个父母或是老板怎能期望通过责骂或是数落而使他们主动高效地工作呢？人对待自己器官的情形也是如此。

你的身体状况不能完全归因于生理因素，个人的习惯性思维、心态与信念也是重要的影响因子。当你认为自己的身体很差的时候，当你对自己说"我很虚弱，我很沮丧，我很疲惫，我感觉落魄失魂，我感觉气喘吁吁，我感觉自己一无是处"的时候，你知道自己在对全身的微小细胞发出怎样的信号吗？你正在弱化与摧毁它们，你在它们的结构上烙下沮丧、阴郁的思想以及软弱与无力的图像。它们会因此而削弱功能。脆弱、沮丧、悲观与病态的思想在身体的每个细胞中产生与此类似的效果。身体损益与思想变化息息相通。消极悲观的思想会撕裂与摧毁身体组织，让生命功能瘫痪。

心理治疗的康复基础，就是要认识到身体的每个细胞都是具有生命力与智慧的。它们会根据我们的思想、念头以及建议做出相应的反馈。对于一个心理治疗者来说，知道这些事实将会让我们避免在身体里制造大量毫无生气的细胞。每个细胞不仅是具有生命力的，而且还像一个聪明的小孩那样能对外界的信息做出迅速反应。

我的朋友，关于让怎样的思想去指令身体的微小细胞的这个问题，我们是要极为谨慎小心的。因为这些思想不仅会反馈在你的身体层面，也会反映在你生活中的方方面面。例如，当你将霉运灌注到细胞之中，当你认为自己非常倒霉，或对人控诉命运是如何地对自己不公，若是这样的话，无论你做什么，你都难以有所作为。因为你打击了细胞的积极性。你那些沮丧、悲观的思想会让你失去能量与动力，让你无法去吸引你一直想要得到的东西——健康与富足。

若是一个体质孱弱之人想要强壮与健康起来，就必须要向身体的每个细胞都给予一种强壮、健康的心理图景，让之复苏。但是，很多孱弱之人却是这样想与这样说的："哦，我真是很孱弱啊！我感觉自己很脆弱，我害怕自己以后都不会好起来了。我可能在这个世界上再也难以做出什么成绩了。我的理想被人耻笑，让我深感耻辱，因为我再也无法去实现了。我似乎已经无事可做了。这种疾病已经牢牢地掌控着我，我注定难以摆脱了。"

很少有人会意识到，当他们心中被这些思想控制的时候，并想象着自己就是处于这样脆弱、绝望与了无生趣的状况之中时，他们就好似在吞服慢性的自杀剂。他们身体的每个细胞都因为这些错误的思想而被毒害，从而使自己孤立无助。

倘若你将自己身体里的细胞想象成一个个微小的个体，或是一个个小小的舞者，它们都会根据你所发出的音调而跳舞。那么，你可能就会明白，心智对细胞的影响将直接决定你是士气高涨还是情绪低落。它们会根据你所发出的音调而跳出富有生命力的舞蹈，也会显得死气沉沉；既可以让你充满阳刚之气，也可能奄奄一息；既可以是丰盈的舞蹈，也可能是单调的舞蹈；既可以是充满爱意的舞蹈，也可能是弥漫着仇恨的舞蹈；既可能是幸福的舞蹈，也可能是悲惨的舞蹈，当然，还有成功与失败的分别。

对我们而言，重要的是，要在心灵中将所有的敌对思想统统赶走。一旦这些消极敌对的思想进入你的心灵或是驻足不走的话，它们就会开始起破坏作用。它们会让你的效率、健康与幸福感变差。若是在日常生活中有什么事情打扰到你的平和与自我控制，若是你感觉愤怒的冲动在你的内心逐渐汹涌的时候，要尽快地重拾自己的信念，恢复对自我的控制。因为没有比心灵的不和谐更让正常的男女受伤的了。你可让身体躁动不安的细胞趋于平缓，当你发出和谐的调子之时，它们就会做出相应的回应。它们总是会对你所给予的指示做出反馈。当心灵发出这些指令的时候，它们都会无条件地遵守。简而言之，你希望自己的人生变成怎样一种模样，你就将这些愿景渗透进那些细胞之中，它们就自然会做出反应。因为它们是与你一起共同进退的伙伴。

将身体的每个小小的细胞都看成是为你服务的小工人，一个小小的创造者，以及每一个独立且具有智慧的生物体，与茫茫宇宙的无边智慧与宏伟的终极理想相连接。绝对不要去思量那些脆弱、贫穷或是贫瘠的东西，抑或任何匮乏的思想，不要让这些东西进入自己的细胞之中。思想要总是与自身所潜藏的能量相一致，要往大的方向去想，因为我们天生就该如此。思想要趋于大度慷慨，因为人生所要展示的就是要大度，而不是一个微不足道的存在。你一定不能让自己嗜钱如命，而是要过得自在与从容。你的人生本该就是要充满富足的，而不是过着枯萎与单调无聊的日子。

多想想健康、幸福、真理、力量、完美、富足以及成功，让这些念头渗入你身体的每个细胞之中。在未来的日子里，这必然会成为每个父母教育小孩所必备的知识。他们的人生从一开始就会调节在一个正确的位置，身体的每个细胞都会得到正确的指令，获得正确的心理图像。这些指令以及心理图像将让我们重拾健康、富足以及成功，而不是与之相反的脆弱、贫穷以及失败。

我是谁？

我是人生至关重要的一个基本要素，是所有成功与幸福最为重要的资产。

我让人们获得额外的精力。我让他们精神奕奕，满怀冲劲地工作。

我是身心力量之源。我将精力与活力注入身体之中，为大脑的正常运作提供最为重要的能量与原创力。

我是你们最好的朋友。不论你们是否身处高位，贫富与否，但无论是国王或是乞丐，若是违背了我所制定的原则，都必须要为此付出代价。

我是能力的巨大提升者，增强人们的主动性、勇气以及自信，让他们生发巨大的热情。要是没有我的话，所有的成就都是浮云。

我是人们生活中最为伟大的建设性力量。要是没有我，人们的信念就会弱化，理想就会逐渐黯淡，热情会渐渐消失，勇气慢慢消退，自信成为绝望的冰霜，而所谓的人生成就也只是海市蜃楼而已。

没有我，财富只能耻笑着拥有者，住在豪华宫殿的人更会深感失落。

我是大自然赐予人类最为重要的礼物。那些只顾着积累金钱的人，要是忽视了我，那么他们所赚的一切迟早还是要归还于我。

我带给人生色彩，让你变得更富吸引力，让你变得更加足智多谋与具有创造力。这可让人们的工作达到最高的效率，让你的能力得到最大化的使用。

我让你诸多的心理功能得到拓展。我是它们的领袖。

当我在的时候，它们很活跃，能处于最佳的状态；要是我不在，他们就会处于最差的状态，效率低下。

我是进步的朋友，刺激着人们去追求理想，鼓励人们继续努力。我能提高人们的工作效率，让他们取得成功，也让他们在漫长的人生中得以找到真正的幸福。

我可以带来欢乐。当我离开的时候，欢乐也会被我带走。当我不在的时候，消沉、沮丧以及忧郁等东西都会立即现形。我的消失意味着身体能力的下降，同时伴随着理想的失落与碌碌无为的人生。

睿智的人极为珍视我。愚昧的人则会因为无知、冷漠以及忽视而任我毁坏，以致无法挽回。

我是健康与富足的思想。

第十三章

如何让自己成为幸运儿

全身心地相信自己有能力去将心中所想的东西成为现实。

那些在别人眼中的幸运儿是从来都不等待某些奇迹来拯救的。

所谓幸运，就是认清机会并加以利用的能力。

让自己成为幸运儿，就要去选择符合自己性格的工作去做，

然后全身心地投入。你将一定会实现心中所想。

自信与勤奋都是幸运的好朋友。

好运往往是与良好的常识、判断力、健康的身体、

坚毅的决心、高尚的理想以及踏踏实实的工作相联系的。

它紧紧地跟随那些养成了技巧、礼貌、勇气、自信、

意志力且具有强壮体魄与善心之人。

不久前，某位纽约证券商自杀了。原因是他认为主宰人生的重要因素——运气已经抛弃了他。他对运气是如此迷恋，所以当遭遇华尔街一系列的崩盘之后，他认为手中的运气已经飞走，再努力也无济于事，如今是生无可恋了。临死时他对妻子说："亲爱的，祝你好运。"

很多人虽然没有像这位华尔街证券商走到自杀的极端地步，却执着于对好运或是霉运的迷信。他们深信，人生中某些命定的东西是超过了自身成就的控制范围的。倘若这种神秘的力量与他为敌的话，他必败无疑；倘若有好运相助的话，那么成功就是唾手可得的。

盲从于所谓早已注定的命运，沉迷于万物不可知的谬论之中，这是渴求成功之人的致命伤。但是时至今日，不知还有多少人无视自己的能力，而朝四面八方窥视，等待着搭救自己的幻影。有些人视运气如生命，他们通过抛掷硬币决定数学问题的答案选项，亦用同样的方法应付人生的答卷。

人本身就是自己命运的主宰。解决问题的良方就在自己的心中。让命运时起时落的人，正是自身。人生绝非是一场纯粹由运气决定的游戏。

> 人类的命运是由他的心灵决定的。
>
> 那些精神脆弱与低落的人，
>
> 只能成为运气的奴隶。
>
> 但当遇到勇敢之人的威吓之时，它却很温顺。
>
> 若是命运织着的是一条普通的线，
>
> 我将会用款式新颖的紫色线条织一条更为好看的布，
>
> 改变自己原先所谓的命运。

"哦！我的灵魂啊！你为什么要将我抛弃呢？"我亲爱的朋友，命运在你手，没比赛就举手投降，比在擂台上被击倒的影响更为恶劣。

无论发生什么事情，都要牢牢记住一点，你身上有对抗苦难的细胞，可让你勇敢面对任何残酷的命运。因为你是自己命运的主人，是自己未来的领航者。你所要做的，只是最充分地利用这种永恒的智慧、不竭的能量，最终你将会充满力量。要明确一点：你自己就是所有智慧与力量的源泉。

费尔法克斯曾说："所谓运气，就是指认识与把握机会，并加以利用的能力。"若是我们接受他对运气的这种定义，那么，我们就必须要承认世界上有运气这种事物的存在。

我的朋友啊！现在被你称之为霉运的东西，正是由自身某些软弱与不良的习惯所导致的，让你的努力前功尽弃，无法实现自己想要的富足。你可能有某些怪癖或是让人反感的性格，这些都是阻挡你进步的绊脚石。不论发生什么，所谓的坏运气都是源于你的准备不足、缺乏教育或是专业技能的缺憾。基础不稳固，才是你尚未取得成就的主要原因，又或者你的坏运气源于自身的懒惰，追求安逸或是尽情享乐。

好运则是完全与此相反。每一个成功人士都知道好运是跟随那些有着坚定意志、认真努力与坚持不懈的人，他们准备充分，追求卓越以及怀着不到黄河心不死的决心。

所谓幸运之人都比那些总是遇到霉运的人更加努力，思考得更多。这些人做事更加实际，生活都是有条不紊的。

运气与机会一样，青睐于那些努力追求并有所准备的人。让你的时间得到最充分的利用吧，这将会让你变得幸运。

倘若我们认真审视所有那些被称之为成功之人的生平，

就可发现他们的成功其实可以追溯到青年时期。他们对抗着贫穷与反对的声音，追求卓越，让自己从无数次斗争中获取了足够的营养。我们会发现，那些幸运者并不怎么相信所谓的"运气"，而是深信着自己。他们从不坐等事情发生转机，或是运气的降临。他们总是凭借自己的努力去成就事情，让运气自然而然地跟着自己走。

我个人的感受就是，那些自信的胜利者不怎么去谈论好运或是霉运，他们不怎么在乎别人的评价。若是别人对他给予鼓励，让他前进，那更没有什么能够阻挡他。据我所知，睿智的坚持是让我们获得更多好运的最重要因素。

迷信于运气的人，往往是那些懒惰、好逸恶劳、热衷享乐、一无是处的人，当然还少不了软弱者。判断一个人是不是弱者，就要看他是否总是谈论着自己运气不好，是否将自己的不成功或是不好的处境都归结于此，如果是的话，那么他还没有具备克服障碍的能力。

其实，真正重要的是，自己要时常将自己想象成一个幸运的人，觉得自己必然能成为梦寐以求的那种人，而不是那个感觉无能或是到处犯错的人。谈话之时，仿佛自己已经成为心目中的自己，否则你将会让那些想要的东西远离，而招致那些自己想要努力摆脱的东西。

我有一位认识了好几年的商人，他似乎养成了遭遇霉运的习惯。若他想进行某项投资，就会悲观地说："我肯定会损失的。这就是我的'好运'啊！每当我买入的时候，市场马上陷入下滑，商机一下子就飞走了。"他的心中总是想着，要是自己进行某项投资，就自然会得到最坏的结果。若是他最新开始一项新的投资，就马上想着黯淡的前景。他说："肯定没啥希望，我料到自己会输。"他总是在谈论着自己的霉运，预感事情会向坏的一面发展，而且还会是越变越坏。这位仁兄与几年前相比，大不如前了。其实在很大程度上，他的损失是由于悲观的心理态度所导致的。

此时此刻，仍有很多努力工作的人总是在赶走那些他们想要为之努力获得的东西。因为他们没有树立正确的心理态度。他们缺乏的是热情之人的乐观、自信与信念——而这些正是好运的一帮朋友。

我们的思想与言语是构建或是摧毁自身的真正力量。那些双眼只能看到失败的人，永远也不可能是胜利者。只有那些心中常想胜利曙光，不去想失败的可能性的人，才能最终笑到最后。那些以时乖命蹇作为借口的人，从一开始就得走向失败，因为他从一开始就为自己预设了失败。

我亲爱的朋友呵！你可知道，一味以贬低的口吻来谈论自己，这正是自我堕落的开始。惯于退而求其次的心态让你难以取得成功。倘若你所说的话语总是与自己为敌，你是不可能得到运气的，也无法取得成功。因为这会极大地降低你的自信与效率。

对自己要有一个高的评价。自己总可以将自己想得好一点吧！要学会欣赏自己的才华，尊重自己，这些并不是出于自负，而是因为你认可了自身所潜藏的巨大力量。

要把自己看作是一个幸运者，而不要有其他不搭调的杂念。要对自己说："我现在很幸运，而且我必然会很幸运。我具有无限的潜能，我的幸运是必然的。我生来就该是幸运的，而且还是一个天生的胜利者。"

你再也不能让恐惧与忧虑的声音袭入耳鼓，不能让嫉妒、艳羡、仇恨抑或自私的思想残留心中，否则你会与梦想背道而驰。这些消极的思想会扰乱你平和的心绪，剥夺你的力量、活力与气势，让你处事不能泰然自若，也将你的渴求化为泡影。

我想，你绝对不会允许一个小偷闯入你的房屋，肆意地偷东西吧。那为什么你却让那些敌对的思想毫无约束、百无禁忌地糟蹋你的心智呢？

有人曾说过："要敢于怀着百倍的信念去撷取无尽的智慧，对自己敢于怀抱更高的信心，相信自己与自己的目标，怀抱更为伟大的理想与更为高尚的志向。"

人必须要对自己正在或者将要去做的事情有强烈的信念。人的自信与期望都是实现自身理想最为重要的因素。这些积极的因素就如地平线上的探照灯，让人可窥探远方的希望。

世上任何事物都无法击败你或是剥夺你的成功。你只会输给自己。倘若你有一个坚定的人生目标，任何恶劣的环境都不能将你赶出理想的门外，除非你将技能、毅力、骨气与自信的四把钥匙丢失了。世上任何挫折、不顺、逆境或是其他障碍都不足以让你自卑起来，除非你认为自己如此。你是一事无成还是有所成就，完全都取决于你自己。你可以成为生活的成功者，成为影响后世的人；抑或你可以选择默默无闻地爬进为自己建立的坟墓，碌碌无为，在自己存在于世间的岁月里，未曾在年月里荡起一丝涟漪。你的运气，无论好与坏，完全取决于你自身。

一味认为自己的处境不如别人，是对人生幸福与成功的致命打击。我们所想的一切，自然会在言行举止上得到显露。我们就像风向标，随思想的变化决定自身的方向与行为，而思想、情感和感觉就像那阵飘摇不定的风。

我们应当真正意识到，其实人是由自身思想所构造、形成与组建的。内心思想的力量就如电流的存在那般真实。我们的思想总是一刻不停地改变着我们，让我们做出相应的调整。我们是自身的建筑师与雕刻家。我们总是不断地根据自己的思想、情感、动机以及对生活的总体态度来不断地修正与重整自己。即便我们不是那么幸运，但是我们也要活得开心、面带笑容、心满意足，坚信我们日后所能获得的东西将是最好的。

到哪里找寻好运呢？

在于节俭与远见。

在于对人生的全面准备。

在于心灵的敏锐度。

在于随时准备向需要帮助的人提供援助之手。

在于掌握人际技巧，成为一个圆滑之人。

在于踏踏实实地工作。

在于随时准备，把握机会。

在于对每个人都要礼貌，热心以及周到。

在于自助，而不是坐等别人的帮助。

在于工作上比别人做得更好一点。

在于总是在口袋里携带某些阅读资料，这样在等车的间隙时间里就可以充分利用，或是在别人迟到了约定时间，也可以通过阅读来自我提升。

在于无论事情看起来多么黯淡，都保持乐观的心态。

在于尽自己最大的努力去做到最好，而无须去借助别人。

在于要做那些心灵召唤自己去做的事情，而不论前路遇到多少障碍。

在于绝对不要相信自己天生都只能是在贫穷里挣扎，只能是一个失败者或是庸庸碌碌的人。

在于面对任何事情，都能够采取一种胜利者的态度，散发出胜利者的自信。

在于让不懈的勇气与坚持成为我们的优势，让很多人从一开始就能掌握这些。

在于眼观六路耳听八方，同时很多时候也要懂得缄默不语。

在于要有难以动摇的毅力，以及永不放弃与后退的决心。不论是否能看到前方的目标，都要继续向前。

在于对生活要树立正确的态度，对工作以及世间万物都要抱有和谐的态度。

在于选择正确的伙伴与朋友，要与那些全力以赴以及用心进取的人为伍。

在于不断地学习，学习控制自己，让心灵朝向更为宽广的天地。

第十四章

自我信念与富足

信念是打开通往力量大门的钥匙。

那些实现壮举、取得世人眼中不可思议成就的人，

基本上都是拥有强烈信念以及极度自信的人。

无论你的需求是什么，都要牢牢地坚持信念。

不要去问以什么样的方式、为什么要这样做以及在什么时候这样做。

只要全力以赴，坚持信念。这就是每个时代创造奇迹的最大推动者。

信念敞开前方的大门，让人看清迷雾笼罩下的道路。

正是这种灵魂的直觉，精神上的远见让人的视野穿透局限，

在事物成形之前就能看到雏形。

一位具有难以动摇的自我信念的专才通常

要比那些才华横溢但不自信的人成就更大。

信念增强我们的信心，让我们深信自己，增强自身的能力。

信念本身并不会思考或是猜想。

信念是不会被困难的大山所吓退或是蒙蔽双眼的，

因为它能看透这些——直达远处的目标。

相信自己有能力去做某件事的信念会最终将产生巨大的推动力。

当别人不相信你，或是谴责你的时候，你仍可以取得成功。

但当你不相信自己的时候，你是绝对不可能取得成功的。

西奥多·罗斯福的人生之所以硕果累累，秘诀在于他对自己有着雷打不动的信念，无论何时都不动摇对自己的信心。因为他相信自己是独特的罗斯福，正如拿破仑相信自己是世界上唯一的拿破仑一样。所以，他的行为举止没有半点羞怯，也从不会半途而废。凭借这种信念，在战斗真正开始之前，就已经胜利了一半。他没有认为自己是一个天才，而是不断将心智的每个功能尽可能地拓展，最终脱颖而出，站得比普通人更高。

　　"你的信念决定你自己。"无论你的目标是要赚很多的钱抑或赢得政治权力或是影响力，对自己至高的信念就是最为迫切的珍宝。

　　今时今日，很多被时代淘汰的人之所以会失败，是因为他们缺乏对自己的信念。他们怀疑自己创造美好的能力。他们不相信自己，过分地强调周遭环境的重要性或是依赖别人的帮助。他们一味地等待着运气，等待着外在的帮助来让自己摆脱困境。他们过分地依赖外在的事物，导致自己仍在失败大军的行列之中苦苦挣扎。他们失去了信念所带来的重要东西——老牛般的坚韧、勇气以及决心。

自信是世界上最有价值的资本。信念让人类战胜了难以计数的障碍与苦难，让我们始终能够保持昂扬的斗志。相比起其他人类力量或是素质，信念铸就了更多的美国富豪。

正是一种渴盼成功的动力，一种"我能做到"的自信，让一个穷小子在屡次沮丧的失败之后，给纽约这座城市带来了最为雄伟的商业建筑——伍尔沃斯大厦。很多国外建筑师都称这座大厦是世界上迄今为止最为美观的大厦，简直就是"石头上垒砌的梦幻城楼"。

而让这座大厦从人们的想象中成为现实的人，就是弗兰克·W.伍尔沃斯。他出生在纽约州的一个小农场。家庭留给他的遗产只是一副好的身板以及源于天性的勇气。其实，不仅伍尔沃斯，这些素质也让很多出身卑微的美国青年实现了自己的理想。一开始他只是一家位于货棚街角杂货店的小职员。尽管多年来一直努力工作，失败与沮丧似乎只是他的努力所结出的唯一果实。但是，他不管这些艰难，继续坚持着，直到命运之神终于向他投来微笑。之后，他开始创建伍尔沃斯的五美分与十美分的商店。在他去世的时候，他已经拥有了一千多家商店，总价值超过六千五百万美元，为数以千计的员工提供了就业机会。他出资建造了雄伟的伍尔沃斯大厦，是迄今世界上最高的建筑，而他仍保持着可爱与平易近人的性格。他的成功是诚实努力的结果，也为世人留下了光辉的榜样。他从最艰难的环境中奋起，这对于每个怀揣着梦想的年轻人都是一种激励，让他们有信心去摆脱贫穷，与此同时为这个世界带来更多的福利。

亨利·福特是另一个美国梦的榜样。他也是白手起家，靠着自己聪明的大脑以及对自身能够实现自己心中所想的信念，让这个世界为之侧目。亨利·福特的一生起起落落，充满传奇。年轻时，他在底特律附近的家庭农场里工作，后来成为一名机械师，之后又成为了爱迪生照明公司的首席工程师。他总是利用业余时间去不断提升自己。当他小时候在农场开着拖拉机的时候，就想着要进行发明研究了。他直到四十岁的时候才开始与成功相识。在这之前，他还一直被一些人认为是一个失败者。但是从那之后，他就开始组建福特汽车公司，驶向了非凡成功的道路之上。他的名字为世界所熟知。

正是这种类型的人，总是对自己怀抱着百分之百的信念，将自身所有的疑惑都扼杀掉，将所有的恐惧都窒息掉。

每次跌倒之后都会站起来，继续往前冲，不管前路有什么障碍。只有这样的人才能在人生这场赛跑中取胜。倘若你惧怕内心涌动的信念会导致自己走进危险的圈套，那么你绝不可能冲破失败的笼牢。切记：人生际遇岂能信预卜，信念才能成就人生。

时至今日，很多人之所以还在失败的泥潭里打滚，在极为平庸的位置上卑躬屈膝，是因为他时刻被自我贬低的思想所压制，对自身的力量缺乏坚定的信念。一旦你觉得自己不可能实现自己心中所求，或是认为有拦路虎令你却步，这种自设的障碍，比任何现实困难都难以消除。人要想象自己能做之事，在人生的每个阶段去把握每一个真实的东西。

当有人去问法拉格特上将是否为失利做好准备时，他说："当然没有。任何一个为失败去做准备的人在出征之前就已经输掉了一半。"

怀着必定取胜的念头，紧紧地咬着牙关，凭着坚定的意志，从一开始就准备利用赐予自己的机会，在生活或是工作上获得成功，去不断实现自己心中所想，这是极为重要的。抱着必胜的信念去做某件事，感觉到内心的那种自我确信感，那种内心的力量感，这些感觉会让人成为环境的掌控者。另一方面，若你总是为失败而做准备，总是想着失败，那么就如法拉格特上将所说的，在出征之前就已经输掉了一半。你必须要破釜沉舟，当事情出现了阻碍之时，不要给后退任何诱惑你的机会。

那些为美国建立了工业的繁荣并积累大量财富的人，诸如摩根、洛克菲勒、卡耐基、施瓦布、希尔、福特、马歇尔·菲尔德斯、沃纳梅克等人——他们都曾在这个世界上做出了伟业，现在仍然一如既往。他们不仅有着去做普通人眼中"不可能"事情的勇气，而且也是对自己要求最为严格的人。他们不会因为取得成功而忘乎所以，而是以极为严格的标准来要求自己。他们绝不允许自己虚度时光，无所事事。他们不准自己变得懒惰、冷漠或是犹豫不决。他们深知，那些习惯于舒适生活，一心只想着安逸与享受，沉湎于笙歌夜宴、贪图享乐的人，最终是难以有所作为的。

要击败一个深信自己必然取得成功的人是不可能的。要是他有一种愚公移山的信念，相信自己是天生的赢家，那么他必然能够取得成功，不论前路多么崎岖。因为他除了拥有对自身难以动摇的信念之外，也随时准备为成功付出任何代价。

信念让挫折显得没有那么可怕，因为它能增强你的能力，让你的能量倍增。圣女贞德深信自己肩负着将敌人从自己国土上驱赶出去的使命，这种信念让她的能力增加千万倍，变得无所畏惧。她愿意为挽救自己的国家做出任何牺牲，愿意去克服任何困难，不断让自己变得强大，以应对更为沉重的担子，做出更大的贡献。而要是没有实际行动的话，信念也是没有用处的。任何事情都取决于我们去将这种信念转化为行动。一个人所获得的真正力量就是从战胜挫折的努力中获得的。正是不断地将脑力与体力劳动运用到实际行为之中，踏踏实实地工作，保持着敏锐的思维与计划，才会使人变得更加强大，让我们可以去实现自身的理想。

正是这种行动力，再加上不可战胜的自信，让阿尔弗雷德·哈姆斯沃思，后来的诺斯克利夫爵士成为整个英格兰最为富有的人，也是世界上最为成功的出版商。在接受某次采访的时候，他说："我感觉，无论我努力处在哪个位置上，都会集中自己的精力与时间。当我进入出版行业时，我就决心让自己成为编辑与出版方面的领头羊。这是一门很专业的知识，但那时我很年轻，也很自信。"这种自信是他从小到大最为显著的性格标志。当他只有十五岁时，就开始创办一份关于学校的小报。在报纸上他这样说："我敢确信，这份报纸一定会取得成功的。"事实上的确如此。无论他接手哪个职位，这位务实与充满自信的人都能干得有声有色。在他二十一岁的时候，就开始定期出版一份取名为"答案"的周刊，取得了巨大的成功。在他三十岁之前，他已经是一位身家百万的出版商。而在他三十六岁时，他已经是世界上最大出版企业的老板了。时至今天，诺斯克利夫爵士被公认为英格兰最具影响力的人。除了拥有位于纽芬兰地区价值两百万美元的木材之外，还有数百万美元的身家。

在这个世界上，我们想要什么，就要全力集中自身的力量去争取。成败都在我们的手中。许多人抱怨成功之门为什么总是紧闭着，他们怀疑是因为家境太穷没有接受教育的缘故，或是没有人帮助他们达到想要的位置。其实，他们之所以无法取得成功，无法获取心中所想的东西，是因为他们不愿意为成功付出应有的代价。他们不愿意去做艰苦的工作，不愿意"苦己心智，劳己体肤"。他们总是希冀着别人去拉自己一把，让好运从天而降。要知道，一个人必须要靠自己的双手，努力争取想要的东西，否则只能一生失意。

约瑟夫·普利策年轻的时候从德国来到美国。当他来到美国这片大陆的时候，穷得一塌糊涂，只能在纽约城市广场公园的板凳上睡觉。而在公园广场前方的空间现在则被一座世界著名的建筑所占据——这所建筑是他后来建造的。这位当年贫穷的少年对自己充满自信，他从某个失败的报业商人手中购买了出版权，从中赚取了数百万美元。

无论你现在的地位多么卑微，可能只是一个铁道护路工或是街道的清道夫，一个体力劳动者或是送信者，但是，倘若你对自己充满信念，对未来充满愿景，那么就用实际的行动来一步步地向目标迈进吧，任何阻碍都不可能让你停止前进的脚步。一位商人可以借此积累财富，同理一位成功的音乐家、政治家与发明家，皆是如此。对他们而言，信念是具有魔法的。正是信念让他们能够披荆斩棘，敢于承担所有的责任。若你对自己拥有百分百的信念，那么你就不可能收获酸涩的果实。

我是所有成就背后的力量之源，让人在历经岁月的过程中走向成功与幸福。

我伴随着哥伦布跨越未知的大洋，要是没有我的做伴，他是不可能发现美洲的。

我曾与华盛顿一道作战。要是没有我，他是不可能解放殖民地，建立美利坚合众国的。

我曾与林肯一道历经内战，指引他的笔签下《解放黑奴宣言》，让数百万的奴隶摆脱奴役，重获自由。

我与那些推动法国大革命的人一道，我与那些签署《美国独立宣言》的人一道。

我曾与塞勒斯·W.菲尔德跨越大洋五十多次，才最后将海洋电缆的工程完成。当电缆在中途断开的时候，我与他一道在大洋上漂泊。当第一条信息传过去之后，我给予他继续坚持的鼓励，让他努力完成最后的工作。

我是能够打开成功大门的钥匙，任何障碍都不能将我阻挡，任何困难都不会让我心灰意冷，任何厄运都不会让我远离自己的目标。

我是那些落魄与不幸之人的朋友，为那些对人生深感失望之人带来希望。若是这些人能够紧紧地抓住我的话，我就能让他们改变自身的命运，他们就可直面目标，勇敢迈进，他们会面朝阳光，将阴影抛在身后，而不是像过往那样让失败的阴影笼罩着自己。

　　我可让人获得提升，让人变得乐观起来。拥有了我，人就总能看到希望曙光的存在。

　　无论遇到多么糟糕的境况，我的脸上总会挂着微笑。因为我知道太阳只是暂时被乌云所遮蔽了而已，过不了多久，暴风雨就自然会成过眼烟云，阳光将会再次普照大地。

　　我看到胜利总是在一时失败的背后躲藏着，我能超脱令人沮丧的挫折，因为我深知，当人不断接近之时，这些挫折与障碍就会显得愈加渺小。

　　若你认识我，若你相信我，若你与我一道工作，无论你过往的人生如何充满失败与失望，我都将帮助你度过厄运，让你获得成功的褒奖，因为我能战胜所有困难。

　　我就是信念。

第十五章

恐惧与忧虑让心灵失去磁性——如何摆脱它们

忧虑一天，要比一周的工作还要累。

恐惧损害健康、降低效率、扼杀幸福、减短寿命。

臆想着担忧的事情让很多人始终沉沦在失败的行列之中，过得郁郁寡欢。

对明日的恐惧，对前路苦难的臆测，让很多人不自觉地瘫软起来，

失去了热情与力量，而很多人原本都是可以成就大业的。

那些恐惧明日之人实际上就是恐惧人生。这种人其实就是懦夫一个。

这些人没有足够的信念，永远无法驾驭人生，只会被压在时代之轮下。

若你过往有不幸的经历，若你曾事业失败，

若你曾被放置在一个尴尬的位置之上，若你曾不小心跌倒伤到了自己，

若你曾被别人诽谤与虐待——让所有这些都随风而去吧！

这些记忆是没有任何好处的，

相反这些阴魂不散的记忆会让你闷闷不乐，感受不到幸福的阳光。

真正在我么们额前犁下深深皱纹，让我们未老先衰的，

并非实际的工作，也不是我们肩负的重担，亦不是曾经遇到的烦忧，

而是我们内心残存的恐惧与忧虑在作祟，它们对我们造成了巨大的伤害。

时至今日，在美国乃至全世界的每个地方，恐惧仍然像阴魂一样出没于人们的心智之中。从爬出摇篮到被抬进坟墓这一过程中，恐惧给我们的人生投下了黑暗的阴影，摧残着难以计数的人，让他们过着悲惨与贫穷的生活，抬不起自己的头颅，精神失常乃至自杀。

　　不久前，一个纽约的女孩在冰面上滑倒了，此时，一辆飞驰而过的卡车冲来，女孩差点被撞到。她顿时吓坏了，脑海里臆想着车辆从自己身上碾过的恐怖一幕。当人们将她从街道上扶起来，用救护车将她送到附近的医院时，她还一直在嘴里叨念着卡车从她身上碾过。这些画面一帧帧地在她脆弱的脑海中反复闪现，女孩最终精神失常。

　　悲剧完全是因为她的臆想所致。因为她的身体根本没有任何的损伤，甚至衣服都没有擦破。但是如这个例子所展现的是，恐惧与忧虑让很多人的生活变得惨不忍睹，莫名其妙地将他们原先的理智给驱赶掉了。女孩所恐惧的事情并没有真的发生，而是恐惧的影响，在她脑海中交织出一副死亡的景象，抑或是感觉自己身体伤残，带给她痛不欲生的感觉，摧毁了她人生的所有信念。世上没有比遮蔽理性之光的行为更让人受伤的了。

错误的思想不分昼夜地带给我们灾难，这是不分地域的。就在不久前，一个女人在一场闪电交加的雷雨中因受惊吓而昏迷，最终死亡。之后的尸检发现她并没有任何心脏问题，闪电也并没有击中她。事后发现，这个女人生前对雷雨与闪电有严重的恐惧症，紧绷的弦终有断裂的一天，最终她"如愿"被雷电终结了自己的生命。实际上，真正要了她的命的，并不是雷电，而是内心的恐惧。

今时今日，很多人仍在饱受"一朝被蛇咬，十年怕井绳"的困扰。他们惶恐自己会得流行性感冒或是肺炎，结果正是这种念头招致了疾病的侵袭。他们内心的恐惧摧毁了自身的免疫系统，让自己成为了任由宰割的羔羊。在美国参加第一次世界大战的时候，当时流行性感冒在军营中迅速蔓延，之后就像野火一样在全国传播开来。在这个过程中，我们可以看到恐惧心理对人的巨大摧残性。在极短的时间里，数以千计的人，包括年轻人，就这样被疾病带走了，而对这种疾病的恐惧则是重要原因。

这些所谓的恐惧或是惧怕，都是侵略生活及人类情感的幽灵。恐惧不仅会遮蔽我们眼前开阔的视野，还会闯入壁垒森严的心灵，吞噬勇气、力量以及愉悦、平和的心境，抑制我们逃脱的能力，使我们彻底变成奴隶。

不知多少男女半夜醒来，忧心于自己的工作问题、生活问题，想着自己怎样才能增加收入。过多的忧虑与恐惧对事情会有帮助吗？这般忧虑与恐惧能否为你增添收入，提升健康，带来舒适与幸福呢？是否曾帮你解决过问题或是在某种程度上提供过便利呢？很多人都从过往痛苦的教训中体会到，忧虑的习惯会耗光我们所有的心智能量，吸干人生的力量，降低我们的工作效率，剥夺我们人生的希望、勇气与热情。事实上，这些思想还极大地减低了我们成功的概率。

成功与幸福的一大秘密就在于，对自身有足够的信念。勇敢与自信地面对人生，而不要庸人自扰。尽管美国是当今世界上最为富有繁荣、最具生产力与资源最为丰富的国家，却依然饱受忧虑困扰，这是每个人都必须警醒的。很多人都未能以正确的方式来面对人生，比地球上其他国家的人民都更容易陷入忧虑与恐惧之中。华盛顿的公共健康服务系统认识到这点，并了解这种消极的心理态度将导致滋长疾病。所以，不久前该机构发出了一个公告，上面写着："不要忧虑了。据我们所知，没有鸟儿因邻居比自己建造更多的巢穴而嘶叫，没有狐狸因只有一个躲藏的土穴而焦躁，没有松鼠因没有储藏应付下一个冬季的坚果而忧虑至死，没有狗因忧虑晚年没有足够的骨头可啃而狂吠不眠。"

我们可以从这些动物身上学到某些道理，就是不要再为自己的未来无端地忧愁，要知道这就是烦恼的源泉。我们可以说动物不如我们聪明，但是在这个层面上，它们似乎表现得比我们还要睿智。

当今很多男女总在担心某些厄运即将降临，臆测某些可怕的事情会给自己带来伤害，仍为已经过去的遭遇怕得打战，而让自己失去了最为重要的品格特征与成功的要素——勇气与自信。

不要让心灵畏首畏尾，不要让任何事物剥夺你获取成功与幸福的权利。即便你的确养成了恐惧与忧虑的习惯，也是可以摆脱出来的。威廉·詹姆斯教授曾说，恐惧是可以被征服的。恐惧与忧虑这两个恶魔长久以来都诅咒着人类，阻挡着人类文明向前迈进。我们理所当然要从生活中将之驱除掉。我亲爱的朋友，若是你无法将这两个恶魔从你的心灵中完全驱赶出去，无法将所有那些阻碍生活、扼杀动力以及模糊理想的东西掩埋掉，你注定难以走远。不知有多少有能力的人不断地努力，但却仍然勉强过活，年轻时候的理想仍是遥遥无期，渺若浮云。因为他们聆听了心灵之敌——疑惑、恐惧以及忧虑的声音——让自己只能继续望着理想彼岸，想着生活如故，怅然兴叹。

不要再做恐惧与忧虑的奴隶，重复过往狭隘与压抑的人生，站在失败边缘绝望地发出叹息。你可以选择永久地将这两个恶魔掩埋，重新焕发，开启内心的力量与无限的潜能，相信一切皆有可能。所有的这一切都是由你决定的。从现在起，你可以与沮丧落魄的过去彻底决裂。你可以改变过往饱受贫穷折磨的环境，让自己的双脚牢牢地站在通往成功的土地上。你可以立即就实现这些转变，只需从转变你的思想开始。通过不断挖掘骨子里潜藏的力量，你可以随意地改变自身的思想，而改变思想则是转变自身所处不良环境的第一步。

忧虑、不安、缺乏信念、自我贬低、羞怯，这些都是恐惧的多种变形表现。而在一颗充满着勇气、无畏、自信、自立的心灵中，恐惧没有片刻存在的可能性。设想自己为一个强大、勇敢与才华横溢的人，会让你时刻保持着满盈的状态。不要去想象前方可能存在的烦忧与困难，不要为障碍而唉声叹气，或是害怕自己无法摆脱这些思绪。绝对不要被恐惧所吓倒，不要相信自己臆想出来的根本不存在的妖魔。

若是我们的心灵充满着希望、勇气、自信，能让自己从力量之源中获取力量，那么，任何恐惧、沮丧、疑惑以及对未来人生的无助感都将找不到侵入心灵的隙缝。

你会发现，赶走恐惧与忧虑，勇敢地表达出坚定与自信，是极为有益的。当孤独一人时，对所有让你害怕与扰乱你心灵的敌对思想大声喊道："从我的心灵中滚出去。我是勇敢、充满力量的，不惧怕任何事情。我是恐惧的统治者，而不是它的奴隶。"

恐惧与疑惑、沮丧与忧虑总是沆瀣一气，如影随形。它们都是属于相同的家族，也是为着同一个目标——剥夺人们的能量以及理想而不懈努力。它们的存在严重地阻碍着人类向前进步，扼杀能力，遮蔽幸福，消灭动力，让成功飘远。它们四个家伙一起合力，让数以百万计的人终生在庸庸碌碌中度过，让很多原本有能力成就大事的人无法继续前进，处于绝望的失败之中，生活被摧残得支离破碎。年轻时意气风发的理想渐行渐远，才华始终被压抑着，找不到释放的出口。

任何阻挡你追求自己理想的东西都是你的敌人。恐惧会动摇你的自信，阻止你着手去做自己希冀已久的事情，让你不相信自己有能力去实现。你会在面对特殊困难时感觉自己很脆弱，想着要打退堂鼓；你会担心着某些不祥的事情会发生；当你对自己做事的能力怀疑之时，会认为自己最好不要去做那些没有十足把握的事。

所以，果断地摒弃恐惧与忧虑吧！

第十六章

乐天的心态与富足

微笑招徕机会，正如微笑吸引所有美好与圆满的事物。

那些总是以爱、善意以及乐观心态来为人处事的人，

抵抗人生苦楚与失望的能力要远胜于那些只看到人生阴暗面的人。

乐观是天赋世人的最大恩惠，它帮助很多人远离贫穷，

走出绝望的深渊，看到苦海之上的星光云影，等待春暖花开。

当一个人选择乐观的心态作为人生的伙伴时，

他就不会去谈论那些困难的日子或是在脑海中残存着风雨交加的画面。

乐观的人基本上都是那些很优秀的人。

如果有人问什么东西对人类是最有帮助的，我会说："更加乐观一点，养成乐天的习惯，不论在任何的状况下都保持微笑。"

更多的笑声意味着人生更加丰满，更加幸福，更为成功，更加高效，品格更加成熟，未来的路更宽。乐观的人不会限制自己的心智，也不会对事物抱有偏颇的观点。

你之前是否意识到，成功者一般而言都是那些乐观、满怀希望与挂着微笑的人；性格阴郁和苦闷的人则只能碌碌无为，难有作为。乐观积极的习惯能让人将旁人眼中灾难转化为真正的机遇。

让自己变得更加乐观积极会让你终身受益。乐观的习性会让你更容易去承担重压，更有力量去克服困难，增强你的勇气，加强你的主动性，让你做事更加具有效率，更受人欢迎与乐于助人。乐观会让你活得更加开心，更加成功。乐观的心境能使最为简陋与朴素的环境变得更加具有味道。

乐观自信意味着心态更加平和，更加理智，对人生有更为全面的看法。乐观之人知道，这个世界存在很多苦难，但是不能让这些占据人生。世上还有什么比乐观与微笑更好的信条呢？乐观的人生所散发出的健康与向上的力量是难以估量的，让人拥有静谧却又平衡的心灵。一颗满怀希望与乐观的心灵是极具建设性的。相比于那些悲观与吹毛求疵之人，那些看到事物积极一面的人更具优势。

莎士比亚曾这样说："愉悦之心，周游世界；阴郁之心，寸步难行。"

没有什么习惯能比在任何环境下都保持乐观与微笑的习惯更能带给人们丰厚的幸福感与满足感了。乐观之人的思想雕刻着他们的脸孔，让他们充满魅力，举止优雅。为什么不下定决心，不论发生什么，都要保持乐观、希望与积极向上的心理态度，存感恩之心呢？在任何事物中，若是我们真心想去找寻，就一定能找到某些幸福的影子。困扰我们的是，一心只想着获得超过自己本应得到的，对于自己已经享有的东西并不心存感激。

我想，很多人可以从一个居住在贫民区的小女孩培育出获奖的花朵这一事例上获得某种启迪。当别人问她是如何在家里黑暗的过道旁培养出美丽的花朵时，她说在两座高耸大厦之间有一道狭小的间隙，一米阳光刚好洒进来。所以她不时要根据太阳的移动方向来调整植物的位置，以便让它能够时刻地接受阳光的沐浴，这样才培育出美丽的花朵。在我们的生活中，总有阳光照进心窝，总有某些值得我们为之感恩的事物吧。只要面朝阳光，我们就能不断成长。但很多人并不像这位小女孩一样，懂得最大限度地利用阳光。

若我们能从寻常事物中领略到真谛，欣赏给予的阳光，看到其中妙不可言的美感，那么即便在最平淡的日子里也能过得快乐幸福。

我认识一个人，虽然他的生活很贫穷，但在我所认识的所有人中，他是唯一一个有办法从困窘与尴尬的状况中获得更多舒适的人。他能够苦中作乐，从贫穷中获取值得欢笑的东西。他决不让自己遇到的困难遮蔽心灵的阳光，而总向往着光明的前路。

高尚的欢乐建立在一颗伟大的心灵之上，在于对于上天赐予自身的天赋深感自信与怡然。

就我们所知，富人并不比穷人快乐多少。对于富人而言，他们所面临的主要问题是如何摆脱烦恼与忧虑。当人们一旦满足了生计问题，不再需要为生存成本斤斤计较的时候，那么，就会有很多其他幸福的敌人悄悄地进入人们的心灵，摧毁他们内心的和谐——当然这些都是在人们心灵的默许之下才会发生的。

那些折磨我们，让我们愁容满面与郁郁寡欢的东西都是自身错误的思想给予我们的攻击。所谓的命运多舛皆是自找的。若我们坚强，任何人也不可能伤害到自己。任何人犯错，都要付出与此相应的代价。同理，对于富足与幸福的心理态度，思想也会给予相应的积极回应。

这种新的哲学观告诉我们，我们不必等到升到天国之后才能真正找回自我，不必等待未来，去实现那个遥不可及的梦想。走向坟墓的道路也并非是迈进天堂的通行证。事实上，我们所生活的这个世界就是天堂，此时此刻，我们就活在这样的一个天堂之中，只是自己不知道而已。因为我们看不到，除非能够从某道裂缝的间隙中看到所有美丽、甜蜜、可爱与可亲的事物之后，才会相信。这告诉我们一点，其实所谓的天堂，是可以凭借正确的生活方式以及正确的生活态度来找到的。

新的思潮告诉我们，无论是否能看到前路的曙光，都要继续前行，总是要坚定地朝着富有希望的方向前进；要向往成功，向往富足与充盈，无须担忧满身尘垢。当我们以猜疑、嫉妒或是仇恨的眼光看待别人时，就会唤起内心这些情感，也只能看到别人这些丑恶的一面。若我们找寻别人最好的一面，择其善者而从之，那就必须要从最美好的一面去看人，必须要相信他们。

面带微笑，从万物与别人身上看到优点的人，能从别人身上学到更多的东西。这样的人能让别人聚在自己周围，成为人生的胜利者。而那些阴郁与沮丧的脸孔则会让所有人唯恐避之不及。

"要生意，就微笑"，这是很多成功企业的一个座右铭。谁都知道那些满脸阴郁之人会赶走顾客，而微笑与阳光的脸孔则像磁石一样紧紧地吸引着顾客。微笑与乐观会招徕更多的顾客，售出更多的商品，所用的成本反而更低。

百万富翁所拥有的财富只是他自己的，与他人无关。但是那些始终面带微笑，乐观积极的人总会让所有与他接触的顾客都得到某种程度的收获。他展现越多的笑容，就会获得越多的财富。

安德鲁·卡耐基将自己的受欢迎度、成功以及幸福归功于其乐观的天性。在他的人生晚年，他说："我年轻时候的那些伙伴都只是在工作，而我是带着微笑去工作，内心愉悦。哪里没有欢笑，哪里就没有成功可言。"

一个缺乏微笑与乐观心态的人是有病的。人精神上的伤悲会让人生所有的美好都蒙尘，让人早生华发，力量式微。"破碎的精神吸干人的精髓，形如枯槁。"而乐观积极的心态则是一剂良药。可以说，微笑与乐观就是永葆年轻的秘密所在。

比彻曾说过，那些拥有阳光般性情的人来到这个世界，就像一曲振奋人心的音乐，无论走到哪里，都能传播快乐与笑声。他们总是那般的乐观、乐于助人，带给人们鼓舞以及欢乐。无论走到哪里，都能撒播阳光。

若是我们不能让自己变得幸福一点，至少可以让自己表面上开心一点，带点微笑。这是我们对自己以及社会的一种义务。到处散播自己的心灵毒药，让人感到沮丧、阴郁、恐惧或是忧虑的人是可耻的，也只有弱者才会在这个世上总是表现得忧郁与悲观。我们应在这个世上撒播阳光，做最好的自己，而不是与此相反。

人类作为一种生物，与众不同的一点就是有着幽默感——这点是极为重要的。幸福是人与生俱来的权利。正常人想发笑或是过得开心幸福，这与我们每时每刻都要呼吸一样，都是极为自然的。一个从不发笑，一味死认真的人会给人呆板的感觉。

任何让人感到开心或是愉悦的事物，都将从人的脑海中将沮丧的阴霾赶走。这种具有实际功效的行为是值得鼓励的。发自内心的欢乐能让我们受益良多，这是其他所有事物都做不到的。

许多父母对自己小孩所犯下的一个巨大错误，就是在家里一味地压制他们热爱玩耍的天性。譬如，许多父母坚持小孩在吃饭的时候不能说话，这就严重违背了孩子的天性。当孩子长大成人之后，孩童时期所培养的这些习惯不利于他们成为友善与随和的伙伴，也难以成为一个心智健全之人。要知道，孩童时期的习惯对任何成年男女都会产生极为深远的影响。

欢乐与面包对人来说是一样重要的。那些将幽默与欢笑视为短暂易逝与肤浅事物的人，其实是极为错误的。欢笑与幽默对一个人的性格与事业的全面发展会产生深远的影响。

过得开心自在，这应该是我们每天生活的一部分。为什么这么重要的事物竟然没有列入我们人生计划之中呢？为什么我们要对自己的人生前景感到悲观呢？为什么我们就不能带着欢乐与笑声去做事情呢？

乐观与笑声让我们的人生一路高奏凯歌，让我们更加从容地承受重担，更从容地越过障碍，增强我们的勇气，令我们更具主动性，做事更有效率。这种性情不仅让你过得更加幸福，也会让你成为一个更加成功与进取的人。在生活当中加进更多的欢笑与乐趣，应该是多多益善的。

乐观之人无论在哪里，都会看到美好的一面。要知道，我们在这个世上所忍受的任何苦楚都会得到相应的补偿。

罗伯特·路易斯·史蒂文森曾说："相比在路上捡到五英镑，遇见乐天的男女更加有益。他们到处都会发散出善意。当他们进入某个房间的时候，就像一支蜡烛被点燃了，照亮了整个房间。"

我们来到这个世界，原本就是该得到幸福的，应该开开心心地度过每一天。

我亲爱的朋友，若你仍还没有找到让你自若与安稳的幸福感，若你仍没有找到挥洒自如的态度，那么，你就还没有找到人生的真正乐趣。真正的满足感并不来自占有事物，并不来自外在力量。我们最高的满足感，最为高级的享受，最高层次的幸福感都源于自身。

若你的能量之源被限制，自己深感不快，那你几乎可以肯定，自己必然是哪里出现某些问题了。你的思想、动机、行为或者你的人生观可能出现了某些问题。你要从改造自身下手，时刻保持平和、乐观的心态。

第十七章

成就伟大之钥匙——专注

　　很多年前，有两个朋友一道开始旅程。其中一人策骑快马，而另一人则凭着双脚。前者到处闲逛，就是不前往目的地，他说："我的马快，还有很多时间呢。"时间在不断地流逝，最终限定的时间到了。那个骑着快马的人幻想破灭了，他离终点仍还有漫长的距离。

　　而那个靠着双脚，忍受着旅途寂寞的人则已经身在终点，内心始终满怀乐观，但心中只有一点小小的遗憾——这个遗憾是送给那位失败朋友的。

——T.H.温顿

大卫·洛依德·乔治出生在一个贫穷的威尔士家庭，父亲是一位校长，家庭背景一般，与人无异，乔治却成功地爬上了大英帝国最高的位置。作为英国的首相，名义上仅次于国王乔治。但他的权势与所肩负的责任则远胜于国王及大英帝国内其他所有人。

那么，他的成功之道有什么秘诀可言吗？其实只用一个词语就可以概括：专注。

在乔治两岁的时候，父亲就去世了。母亲带着他寄居在他的舅舅理查德·洛依德家里。他的舅舅是一位平凡的补鞋匠。那时的补鞋店有点像为邻里之间的劳动者提供某种类似于政治论坛的场所。在那里，乔治的政治才能从小就得到锻炼。在青年时期，他学习了法律。在二十一岁之时，乔治就开始律师执业了。在被律师工会接纳之前，他首次参观了下院。那时，他就立志日后要让这里成为展现自我的舞台，于是他努力进入议会。凭借着坚毅与顽强的韧性，他牢牢地专注于这个目标，而接下来的结果则是举世皆知。他成为英国有史以来最能干与杰出的政治家之一。

大卫·洛依德·乔治在政治领域所取得的成就，你同样也可以在自己的领域中实现，其他人也是可以凭借相同的方式——专注——来实现。

这个世上没有比专注更像一块磁石一样紧紧吸引住我们，更能让我们有效地实现梦寐以求的目标。专注是人类在历史上取得重大成就的主要因素。它是取得成功的基石，也是社会进步的根本所在。当今世界所拥有的发明、探索发现以及现代设施，无一不是专注的结果。无论你想要成为什么样的人，或是想拥有什么，你都可以通过专注心灵，集中自身的努力于一点来获取。

当著名作曲家弗朗兹·李斯特还是一个乳臭未干的少年时，他的哥哥就因为他将时间花费在音乐上而讥笑他，告诉他自己将要成为一个大地主了。这位准地主哥哥讥笑自己年幼兄弟的音乐天赋，声称往音乐方面发展只会毁掉一个人。但是，李斯特坚持做自己，甚至有好几次离家出走，只为实现自己的音乐梦想，不愿意继续忍受家人的嘲讽。

多年之后，他的哥哥成为了一位富有的地主，就去拜访那时仍在为音乐梦想苦苦挣扎的李斯特。哥哥没有在他的房子找到他，只是亲笔留下了这样的字眼：赫尔·李斯特，一位大地主。又是多年之后，当年那位年轻的作曲家终于熬出头了。他回去拜访他的哥哥，留下一张卡片，上面写着：赫尔·李斯特，音乐家。

这个小故事除了其中的小幽默之外，重点就是，这两位兄弟都实现了他们心中的目标。其中一位成为了大地主，另一位则是闻名世界的音乐家。

若你的目标是想要成为与那位哥哥一样，成为一位富有的地主，或是一位有权有钱的人，那么你就必须要专注于富足，以相同的形式来获取财富。有些人似乎天生就有从四面八方吸引金钱的能力，他们总是能点石成金，而有些人似乎也是同样努力，但却难以取得成功。之所以会造成不一样的结果，是由于他们专注的强度与坚韧度不同。那些天生的赚钱者，总是从金钱方面来思考问题，他们的内心每时每刻都在想着如何赚钱，只因为他们的心智专注于赚钱，心灵总是在培养这种赚钱的视野。他们总是坚信自己必定能够赚钱，成为一个富有之人。他们长期专注于一个目标，目光直盯着单一的靶心，所以他们想不赚钱都难。

世上不存在全凭运气而取得成功的例子。哪怕是最具有才华的天才也不可能仅凭运气来创造出杰作。专注是取得所有成功的钥匙，是取得所有成就的基础。那些三心二意之人无法取得圆满的成功，只能庸庸碌碌地过活，或是失败得一塌糊涂。

法国有一句谚语："那些只做一件事的人是可怕的。"换言之，那些认真坚持做一件事的人是难以阻挡的。哪怕是全世界都在阻挡他前进，但他总是能找到达到目标的途径。正是将自身所有精力与才华都集中于实现目标的做法，让拿破仑成为历史上赫赫有名的人物。

不久前，世界上最大制鞋企业的老板说："成功地建立一间鞋企一直是我的梦想。我并非任何银行的董事会成员，我不会分散自己的精力。我不会假装自己知道很多，但是对于鞋子方面，我的确是一个专家。为了做质量上乘的鞋子，我将自己的所有能力、精力乃至自己的一生都投入进去了。"

此人从最底层的位置开始打拼，一开始没有任何资本与人脉，而现在建立的企业每年的销售额达两千五百万美元。

爱默生曾说："人生中一大福音就是专注，而一大邪恶就是分散精力。"到处分散自己的精力，让自身的创造力逐渐式微，无法让心灵专注于一点，这是十有八九的人之所以失败及很多人在贫穷之中挣扎的重要原因。我认识某位仁兄，他是一个很有创意的人，而且点子很多，但就是不够专心。他现在也是一事无成，只能过着卑微的生活。因为他从来都是三分钟热度，坚持不到成功的到来。他的大脑活力以及自身所有的精力都在不断追求新鲜事物的过程中散失殆尽，所做的每件事都是有头无尾，无法做到圆满。每次当我与他交谈的时候，我都会惊讶于他思想的丰富与全面。其中很多点子只要付诸行动，就必然能够获得成功，可惜却始终还是停留在构思阶段。他所缺乏的，正是无法有效地专注于将想法落到实处。世上有很多像他这样的人，在平凡的岗位上获取卑微的薪水。要是他们能将自己广博的兴趣集中在某一点上，那么他们就会成为某个领域杰出的专家。我们可以看到很多人在早年学习法律、医学、神学，接着在学校教几年书，又想着要去做些小生意，时常跳槽换工作，最后当自己累了，就安定于某份工作，那时却发现当初他们接受锻炼的岁月，充满机会的时光，都在缺乏自律的日子里——流逝了。

若你想获得富有价值的成功，那么你必须要全心全意，一心朝着自己的目标迈进，义无反顾地投入到自己追求的目标里面。没有人的能力能让他去将自身能力分割成许多零落的部分。人们越早明白，越早地将之烙在自己心灵之中，那么，他们就越有希望成为对这个社会的有用之人。

思索自己想要的东西，谈论并在生活的每时每刻想着，就像你的呼吸一样。在做梦时刻，在行动之时，让这种念头在你身体的每个毛孔上散发出去。让你人生充溢着自己专注的想法，并将之视觉化，相信这已经是属于自己的了。

这是从这个世界获得真正具有价值事物的重要途径。

就以那些从其他国家移民到美国的犹太少年们来说吧。他们从一开始就继承了该民族专注的商业本能。他们时刻想着如何赚钱，直到让自己仿佛成为一块磁石，能从四面八方吸引着金钱。这就是为什么他们能够取得成功的原因。很多比他们拥有更多机会的美国本土少年却只能终身在贫穷之中打滚。这些犹太少年在大街上擦鞋、卖报纸或是推着车子叫卖东西的时候，他们的脑海里就想着如何更好地去赚钱，掂量着自己所有，为下一步的计划做打算，思量着如何去增强自己的能力，如何逐渐地扩大生意的规模，让利润最大化，以此累积更多的金钱。可能过不了多久，他们就拥有了属于自己的报摊或是小商店。他们随后可能投资房地产。渐渐地，他们贷款建造房子，不断地买卖，赚取利润。他们的心灵总是想着如何赚更多的钱。最终，那位曾经在街上的报童或是擦鞋匠抑或是叫卖的小贩，一夜之间就成为了百万富翁。

要获得富足，就必须要专注于富足，就必须要在心中牢牢地抓住这种心理态度；要展现出充盈，就必须要全身心地想着充盈，正如若你想拥有健康与活力的话，就必须要多想想怎样获得健康与活力。单纯渴望健康是不够的，你必须要全身心地相信自己必然会获得健康，自己现在的身体处于健康的状态，显得健壮与强大。汝之所想，展于所形。无论你在心中所想的是什么，都必须要牢记一点：若你想在生活中得到什么，就必须要相信自己能够做到。

专注是取得任何成功所必不可少的。正如茱莉亚·斯雅顿说的：“专注是人生中最为重要的一点。没有了专注，就没有人生真正的目标，对人生就失去了真正的控制。掌控人生境遇的能力，在很大程度上都是取决于我们专注的能力。”

若你因没有达到自身所设定的目标而感到沮丧，那么一定是出现了某些问题。你的心智与你的行动没有取得一致。某些东西在阻挡着你的进步，在你的心中存在着某些心理障碍，等待着你去清理。你并没有调整到最佳状态，你并没有专注于自信、信念，这就无法让自己获得前进的动力。沮丧、疑惑、摇摆不定与分散的心智，这些东西正在让你的努力白费，让你离目标越来越远。也许，你在闲暇时间忙于其他，沾沾自喜于其他方面的小成功，没有全身心投入到人生的工作之中，导致自身能量不断消耗，乃至殆尽。

在缅因州，农民们说，要是不给马儿戴上眼罩，它们就会一动不动。因为它们的注意力会被各种各样的事物所吸引，反而会让马儿失掉速度与灵性。很多人的人生之所以被虚度，就是因为他们没有将自身的兴趣范围缩小，专注自身的精力于某一个方向。

不要害怕被人称之为是只有一种思想的人，那些真正改变世界的人都是属于这种类型的人。正是那些将自身目标都融入到血液之中的人，有能力将所有分散的精力都集中到一点的人，正如聚焦镜将分散的阳光集中起来那样，这样的人才会取得成功。

亚历山大·汉密尔顿曾说："当我手头上有某样需要学习的材料时，我都会全面仔细地去学习，让自己心灵充溢着这个主题，然后我就这样取得成功了。很多人称我是天才，其实这只是思想与努力结下的果实而已。"

才华平平而专注之人要比那些空有天赋却缺乏专注之人取得更大的成就。

第十八章

"时间就是金钱"——何止如此

很少人意识到，我们生活的每时每刻与成功、

幸福以及前途都是息息相关的。

在幻想明天收获果实的同时，往往就耽误了播下种子的今天。

当我看到某个年轻人抓住每个闲暇时间来不断提高自己，

决心让每一天都展现其价值时，

那我就知道，此人日后必将与众不同，必定会脱颖而出。

今天就是我们垒建未来的砖石。

砖石如果有瑕疵，意味着人生也必会有缺陷。

你梦寐以求的未来与你今天的所作所为是相对应的。

世界赐予有准备之人无数机遇。

在时间的流逝之中隐藏着无尽的力量与财富，

等待着那些有心人睁开眼睛去观察，用双耳去聆听，凭着双手去创造。

大英帝国的伊丽莎白女王临死之时，她说："我的帝国，再见！"

某位世界级富豪曾说，要是能够获得多几年的寿命，他愿意支付数百万美元。

已故的J.P.摩根曾经说过，他的每个小时都价值一千美元。实际上，如果单纯以金钱衡量，可能都不止这个数，何况积累金钱只不过是他多方面成功事业的一部分而已。

但是，时间比金钱更具价值。我认识所有在某些领域中取得重大成就的人，几乎都深谙时间的重要性。时间是我们最宝贵的财产，也是最值得我们去珍惜的。因为，我们的成功、幸福与前途都是在时间的流逝中慢慢实现的。

但是，很多人仍在消磨着时间。他们生活的主要目标就是想着如何将时间尽快地打发掉。

年轻人的未来可以从他们对时间价值的重视程度，特别是闲暇时间的使用程度上来衡量。自从美利坚合众国成立以来，那些最伟大与成功的人，都在不断地利用闲暇时间，拓展自身的心智，增加自身的知识。诸如华盛顿、富兰克林、林肯、布里特斯、莫斯、菲尔德斯、爱迪生以及在文明世界里为人类取得重大成就的人，无一不是珍惜分秒之人。他们之所以扬名世界，取得令人瞩目的成就，并非因为他们是天才，而是他们懂得，一个人再富有，一天也赚不到二十五个小时。

那些处在平凡与普通岗位上的人，做着一成不变的工作，拿着可怜的薪水，只有一个原因可以解释，他们有提升自己的能力，却没有意识到闲暇时间具有无可估量的价值。

查尔斯·M.施瓦布在卡耐基掌控的制造厂工作时，与其他数百个年轻工人相比，他并没有能力或机会上的优势。初期他的日薪只有可怜的一美元。日后施瓦布却成为该领域的领军人物，身家百万，这是因为他看到了自我学习的重要性。所以，他将晚上的闲暇时间用于弥补自身的缺陷与不足，特别是努力学习与钢铁行业的有关知识。他总是时刻想着去提升自己，随时为下一个晋升的位置而做好准备。所以，他的上升速度很快，最终成为世界上这个领域最为富有与著名的人物。

在谈到早年他开始引起卡耐基注意的日子时，施瓦布说：

"那时，科学知识在钢铁制造领域开始发挥越来越重要的作用。在二十一岁的时候，薪水足够我结婚了，所以我就买了一幢属于自己的房子。我相信早婚对人是有好处的。在自己的房子里，我建立了一个实验室，利用晚上的时间来学习化学知识。当时，我就下定决心，关于炼钢这一行业的所有知识，我都要全部掌握。尽管我没有接受过系统的技术教育，但我努力让自己成为化学与实验方面的专家。这在日后的工作中证明是具有长久价值的。

"我想说的重点是，"他接着说，"我所做的这一些并非我的责任所在，但这却带给我更多的知识。不断尝试自身职责以外的工作，很容易会引起上司的注意。对不断武装自己的人来说，取得成功是很容易的。雇主都喜欢从自己的助手中擢升那些最有见识、最具竞争力与最为认真的员工。"

"一个人工作一天之后，已经累死了，根本不想再去学习。"进取的原因都基本相似，懒惰的借口各有各的不同。人们都知道，在晚上改变一下节奏——比如去娱乐一下，能让人得到休息，从疲惫中得到调整。诚然，每个人都应该将适宜的时间用在娱乐、锻炼与休息之上。但那些称自己太累了根本无法学习的人，只能在愚蠢的消沉或是漫无目的的游荡之中，虚度了人生。

就在不久前，我在阅读报纸时得知，一位年轻的女教师在闲暇时间学习了六七门外语。她利用晚上时间给学生做私人辅导增加额外的收入，作为游学欧洲的费用，让自己进一步提升外语水平。从欧洲不同国家的所见所闻中，她得到很好的文化熏陶，满载而归。她所获得的不止是一段愉快的旅程，还有迅速提高的专业水准。现在她就职于女子高中学校，教授法语、德语与意大利语等多门课程。

罗斯金说过："青年时期实质上就是一个形成、塑造与教育的阶段。每个时刻都关系着未来的前景——当这些时刻失去之后，该做的事情没做，就永远都追不回来。倘若不趁热打铁，就难有成功之日。"今时今日，数以百万计的失败落魄之人都在哀叹自己为何在年轻之时浪费掉那些黄金机会，将无数个晚上与假期消磨掉，而这些闲暇时间本可为他们构筑一个快乐与成功的未来。但是，人生就是这样，如果你错过了一段时光，很可能就误了一生。

当一个年轻人以懒散与马虎的态度对待工作，浪费宝贵的时间，那么任何魔法都无法带给他一个美好的未来。将目标、勇气、勤奋、热情、能量、主动性与周全等注入今日的工作之中，在闲暇时间不断提升自我，这些都可带给我们财富、知识、智慧、力量与名声——只要你下定决心，就可实现。

　　人们对待闲暇时间的不同方式，在茫茫人海中造成了平庸与杰出之分。很多聪明的年轻人能够认识到闲暇时间的极端重要性，而那些平庸之人则在肆意浪费着时间。

　　若是有人提议要花大笔金钱来买你大部分的人生力量，你是不会考虑出售的。你会说，自己绝不能考虑售卖影响未来人生前程的天赋——你的热忱以及雄心。但是，你可曾意识到，当你任由最为宝贵的成功资产——你的时间——无聊地虚度，你其实是在做着与上述一样的事情。若你想要取得成功，或是让你自身的潜能全部发掘出来，那么你就不仅必须要关闭所有的时间漏洞，而且还要修复自身心理与身体机能存在的漏洞，要终止任何不能带给你人生力量的能量支出。

　　"时间就是金钱"这句话时常提醒着我们时间的价值。但时间不止是金钱。时间就是生命本身，因为每分每秒的时间流逝都缩短了人生的长度。时间就是机会，代表着我们成功的资本与成就的可能性。我们所梦想的一切，我们想要成就的一切，都是建构在时间之中。

　　维克多·雨果曾说："人生已然短暂，肆意浪费时间，更让其显得急促。"我建议每个走上人生之路的年轻人都牢记这句话。若在你的事业起步之时，就下定决心利用好每一天，按照自己立下的目标努力，那么世上没有任何事物能阻挡你成为一个成功的人。你就是人生命运的建构者，自身前程的主宰者。此时此刻，就正在雕塑着自己的未来走向，每一天都可能逐渐靠近或是远离你的梦想。生命中的每一分秒都是极为宝贵的，所有理想能否实现都取决于你是否珍惜每一分秒。

我时常收到很多年轻朋友的来信。他们在心中哀叹自己没有机会接受教育。但是，他们从来没有静下来好好想想，在这个世界上，有很多成功人士都是没有接受过系统教育，而是凭借着自学成就自己的。你们这些抱怨自己没有接受教育机会的年轻人，好好读读那些自强不息的男女通过自学来提升自己的故事吧，多读读诸如富兰克林、林肯、格里利、加菲尔德或是来自世界各国移民的故事吧，他们刚开始一贫如洗，凭借着坚强的意志与充分利用闲暇时间来最大限度地提升自己，获得社会的尊重，成为成功之人。

正如汉密尔顿·马比所说："一个果敢与坚毅之人最重要的素质，就是清楚地认识到如何最好地利用手中的时间与工具。这些人不会在幻想中浪费时间。若环境很艰难，他们也会勇往直前，将困难远远地抛开。

其实，每个人所面临的问题，就是如何利用眼前所掌握的事物。当一个年轻人不再沉湎于幻想或是不再感叹命运不济，勇敢直面人生时，那么他就开始为创造一个成功的人生在打下基石。"

即便你的闲暇时间很少，你也可以培养自己的心智，通过在闲暇时间阅读与学习来不断提升自己。这要比那些浑浑噩噩度日的人拥有更为强大的储备力量。

动力火车引擎的发明者乔治·史蒂文森像对待金子一般紧紧地抓住每一段闲暇时间。他在闲暇时间里不断地自学，并完成了很多杰出的工作。在夜校里，他学会了阅读与写作。当他还是煤矿的助理负责人时，就利用倒夜班的空闲时间来学习算术知识。

推动世界进步的很多杰出人物的人生与工作都证明了一点，无论一个人在人生中投入多少，也比不上自我投资来得更加具有满足感——将每分每秒的闲暇时间都凝成知识与力量。

人越伟大，就越看重时间的价值。他们会将时间看成是一种极富价值的资产，视为人生的最为重要的财富。不论他们的目标是要获取财富或是在其他领域中取得成功，他们深知这一切都取决于他们对闲暇时间的利用。而那些弱者则从不将时间视为一种宝贵的资产，也不愿意付出那些强者为实现梦想所付出的代价。他们无法为了自己的理想而抵抗娱乐的诱惑。他们在对待金钱上不加节制，在时间方面上也是大肆浪费。当他们浪费时间的时候，根本没有意识到这样做实际上扼杀了自己的前景、未来甚至自己的生命本身。

"我要让今天充满价值"，这句话应该成为每个人都遵守的日常座右铭。当你清晨起来，当你开始工作之时，或是在一天的各个时段里，都对自己说："我要让今天充满价值。我绝不让自己的人生在浪费时间中度过，我一定要利用每一分秒。不论自己是否愿意，都要让今天成为有价值的一天，让今天成为我人生中值得庆幸的一天，让今日自己的工作更加高效。"若你每天都能这样做的话，就会惊讶地发现这对你人生有着神奇作用。这种心态将会让你时刻处于最高效率，会让你获得丰厚的回报。

某人曾说："所有浪费的时间其实都可以得到更好的利用。"若能彻悟这道理，那么人生将会取得更多成功，少些失败。每个人在一天中都拥有相同的时间，每年中也是相同的日数，而成功者与失败者的主要区别在于他们利用时间的效率与程度不同。假设有着相同的环境、同等成功的机会，其中一个年轻人可以通过正确有效地利用时间来获得名声与财富，而失败者则会肆意地浪费着宝贵的时间。

正是我们在过去时间里的所作所为，仅此一点就构成了我们的人生、性格以及所有的成败。我们在明日所取得的丰收源于今日所播下的种子。若我们不将这种心态注入当前的每时每刻，那么你永远也难以达到自己所设想的目标。若是在今日的工作中不加入能量、热情、勇气、主动性、勤奋以及高质量的要求，那么自己就不能期望在未来收获相应的结果。我们每天清晨起来，都应向自己保证绝不让时间从自己的指尖上流逝，而是要让今天的每时每刻都得到最大化的利用。正是每天一点点的小成功渐渐累积成人生的巨大成功，让人们实现儿时的梦想。

第十九章

积极的人 VS 消极的人

气多伤肝，疑重伤心，心态消极之人寸步难行，

止不住撕扯自身的心智，结果毁了自己。

养成消极的心理状态很容易，而这会对成功造成致命的打击。

我们必须要摆脱这种心态，方能去吸引富足。

消极的行为，必然招致消极的结果。

在命运的剧场上，无法重演，也不能彩排。

犹豫不决的人稍一迟疑，就错过了机遇，结果挥霍了一生。

积极之人一旦知道自己的追求，就不会迟疑自己是配角还是主角，

他们会坚决地走出去，做最好的演出。

果断地做出决定，满怀热情地加以执行，

要比总是左右思量，不断沉思或是拖延要好。

每一个重要的决定都意味着必然要放弃某些东西。

当一个人越想摆脱风浪，越犹豫不决，

就越容易在江里翻船，让一切努力付诸东流。

让自己的心智保持积极乐观是很有必要的，

而且还要远离所有富足与幸福的敌人，让自己保持积极乐观的心态。

正是积极与旺盛的心理活力让我们有所实现，

推动着事物的进步。

而那些抱有消极思想的人则总是弱者，难以有所作为，

总是跟随着别人的脚步。

倘若我们能够学会如何果断与富有建设性地谈话与思考，那么人类文明将会得到很大的提升！能够吸引美好事物的，只有那些强大、乐观的心灵，而悲观之人则只能招徕让人悲观的东西。

若你不知道如何果敢决断，然后将自身的决定付诸行动；若你总是摇摆不定与瞻前顾后，总是被各种相冲突的环境所左右，那么你的人生之船将会总是处于飘摇之中，永远也难以找到港湾。在人生的航行中，你将会时刻处于风浪与暴风雨之中，看不到富足与安稳的港口。

曾有一年轻人问我他未来成功的可能性几何，我就试着去发现他决断事情的能力。若他能够迅速、果敢地做出决定，我可以肯定此人日后必有出头之日。

坏性的思想。

那些在平庸之中打滚或是人生失意之人，若是能够将所有消极的思想都赶出心灵，就会让人生一下子变得丰富多彩起来。正是他们过往的那些沮丧与敌对的思想——疑惑、恐惧、忧虑、不安等思想的潮水，将人生脆弱的防御堤岸淹没。

只有那些散发出力量与动力的乐观心态才能在世上有所作为，消极的心态只能起到破坏与摧毁的作用。

很多人之所以陷入迷航，是因为他们将所处的贫穷与不幸发展成了一种真正失败的氛围，他们周围弥漫着毁灭性与破坏性的思想以及让人精神沮丧的心理暗示。只有当他们彻底赶走了这些消极的心态，才能让富有创造性与生命力的思想占据自己的脑海。

我们现在开始意识到，我们不仅能够控制自身的情绪与思想活动，也能改变自己对所处环境的看法。因为所谓环境的好坏在很大程度上是由我们主观的思想、情感与心理态度所决定的。我们的思想与动机决定了我们所面对的世界。

只要你让自己的心灵保持积极向上的状态，你就会拥有勇气、主动性与健全的判断力，你就将成为人生的真正舵手。而当你处于沮丧与忧郁之时，你的能力、心智就会失去活力，变得消极。你会犹豫不决，判断力下降，对于事情发展深感不安。最后，你的心灵将被汹涌的浪涛扫荡而空。记住，要时刻保持积极的心理状态，不能让诸如疑惑、沮丧、恐惧与忧虑等消极的心态进入你的心灵。这些都是我们致命的敌人，若是与他们为伍，你永远也无法取得成功。将他们统统赶走吧，不要让自己的心灵大门向这些敌对思想敞开。

让世人知道你是一个对自己执着的事情有着强烈信念的人，相信世上的所有事情都有其美好的一面。所以，我们要相信最好的一切，生活中要有成功的信念。走在同伴身边，要感觉自己可以扬帆直挂天际，以胜利者的姿态，宣扬你的不可战胜。绝对不要惧怕失败，不要在内心中将之视觉化，不要去想那些贫穷与匮乏的画面，也不要拿这些来自己吓唬自己。因为这样做的话，会让我们所想的这一切成为现实，让我们更加远离自身想要获得的东西。

"去将自己未来想要做的事情视觉化有什么用处呢？我没有什么超群的天赋，也不是一个天才，我必须要让自己满足于一个平平淡淡的人生。"这些消极的思想与念头在很多家庭里弥漫着，这些带来的后果是，人们的理想逐渐枯萎，目标渐渐萎缩，人生失去动力，生活陷入乏味与枯燥的成规之中，所取得的成绩远远低于自身本应实现的。

我们不能让这些消极的东西占据小孩子的心灵，否则，我们这些成年人就是在对他们进行一种犯罪。培养一种积极的思想与行为习惯是不难的，倘若是在孩子还小的时候就这样培养的话。对于成年人来说，这就相对困难一点，但也不是不可能的。

不论你做什么，都不要在自己的心灵中掺入杂念，不要想象自己是一个软弱、低效或是消极的人物形象。

若你总是在不断地贬低自己，别人就会认为，你这样做肯定是有某个原因的，就会认为你的确是配不上别人的尊重。他们会将你对自身的评价视为对你的评价标准，因为你是最了解自己的人。若你对自己的评价都不高，那么别人对你评价低也是理所当然的。

若你总是抱着消极的心理态度，你的人生也将是消极的。患得患失，必然会招致消极的结果。

怀着消极心态的人很难会拥有旺盛与积极的活力。他们是那么被动，对于别人的影响是那么敏感。他们消极的心态会从其他人同样的消极心态中获得共鸣，沆瀣一气，彼此沉沦。

　　让我们的心理保持积极的状态，不论发生什么事情或是有任何消极、不协调的思想冲击我们，都能不为所动。那么，我们就能在逆风里立定脚跟，不让那些敌对思想有任何肆虐的机会。只要我们不再让这些消极的思想或是阴郁的环境有共鸣的条件，我们就能以强盛与积极的姿态去面对人生的风雨。

　　让自己的思想更加强大，会让人变得更加强大。那些拥有积极与昂扬心态的人，那些做事果敢与坚定的人，那些有着强大信念的人，要比那些心理消极的人有着更为强韧的神经。因为他们已经习惯于生活在一个积极与昂扬的状态之中。这种心理态度有助于他们不断地成长，让心智不断地成熟，我们都知道，那些消极之人，那些缺乏主见之人，那些总是询问别人意见或是想法的人，都习惯于依赖别人。那些具有消极性格的人几乎都无一例外的属于弱者，而心态消极之人在任何社区都是没有任何地位可言的。真正能够做事的，不断推动事情进步的人，都是那些心态积极与昂扬之人。心态积极之人能够进行独立思考，敢于不走寻常路，开创属于自己的道路。

很多人一生浑浑噩噩，是因为消极的思想摧毁了他们的主动性，他们经不起惊涛骇浪，怯于行动，总是在不断地思量与犹豫，最终使得求生之船触礁，落得溺水而亡的下场。

而那些成大事者几乎全是心态积极者，他们总是以不容辩驳的姿态去让人感到其中的威严，他们身上绝对不会发散出消极或是负面的信息。那些心态积极的人，那些天然的领袖，总是当机立断，给人正面的信息。而那些消极之人总是在应该进取时，以谦卑之名畏缩，颟然望人项背。

这个世界上最让人感到可悲的情形，就是某些人竟然从来没有属于自己的思想——他们似乎根本没有自己的脊梁，总是在不断地改变，显得那么的脆弱与不堪一击。他们总是习惯于顺从别人的意见，总是一味地赞同别人的想法。我们本能地厌恶这些马首是瞻的弱者，远离那些惯于奉承的人，讨厌那些对所谓的意见领袖一味盲从的人。

我们真正需要的是领航者与原创者，而不是追随者或是模仿者。在这个世界上，已然有太多的后者，他们总是喜欢依赖别人。我们希望年轻人能够自立起来，靠自己的双手去奋斗；我们希望他们能够接受全面的教育，让他们学习领导的能力，发挥他们的个性与原创力；我们希望这些方面能够得到加强与推广，而不是为世人所遗忘。

所有消极的思想，所有消极的腔调，诸如对个人能力

心想事成的富足之道 ／ 拒绝什么，也别拒绝财富

的怀疑，对事情的犹豫不决，这些都是个人主动性发挥的致命敌人。若是某人还没有培养这种积极的心理态度，他们的主动性就会显得脆弱，行动显得拖泥带水，要知道主动性是其他功能的执行官，也是大脑前进方向的指引者。

千万不要忘记一点，即指引你获得成功与富足的力量实际上都是源于你自身。不要期望别人会拉你一把，带给你更多的帮助或是人脉。你自身的能力、资质都深藏于潜质之中，而不必到其他地方去找寻。

若你感觉被决断事情的责任所压倒，那就按照自己的直觉行事吧。有时候，我们要狠下一条心，要想在这个世上成为一个人物，我们就必须要将这个犹豫不决的习惯给扼杀掉。对于这点，解决之道就是形成一个与此完全相反的习惯：每天清晨起来，就咬紧牙关，绝对不让自己在这一天中做事犹豫，不要坐等着别人给你指引。我们要下定决心，在这每一天里，我们要做一个果断者，不再干巴巴地等着别人的指令，不再让自己成为一个追随者。从今天开始，你要做一个主动出击的人，从自己做起，不再盲从别人的建议。下定决心，要对生活采取一种积极乐观的心理态度。这将会让你的身体功能更加优化，心智也会变得更加灵敏，能够随时捕捉存在的机会。

你要相信，成功与幸福正向你走来，而在此之前，你必须保持坚定且积极的信念。少些尖刻的批评、少点没事

183

找茬，也不要没事骂娘，不要以为这些无关轻重。很多人心灵逐渐蜕变堕落的一个首要标志，就是消极的心态。我们要试着从更为宽广与大度的角度来看待事物。要让每个人都知道，你对人生以及自身有着不可动摇的信念。在内心深处要有一个斩钉截铁的呼唤：从今以后将所有的消极念头全部消灭掉，一个不留。你的人生很高远，不允许嫉妒与艳羡的思想存在，不允许忧虑的念头生存，也无须为了未来的事业或是日后的人生杞人忧天。

　　时刻保持积极的心态，这是最重要的。这才是通往卓越人生，取得成功与富足的唯一途径。

第二十章

节俭与富足

若你想确定自己处于正确的道路之上，那就从养成节俭的习惯开始吧。

养成节约金钱的习惯，虽然这让意志有点节制，但却让力量得到增强。

——西奥多·罗斯福

与自己达成一个协议，将你每周薪水的一部分储存起来。

我们所赚与支出之间的小小差别，正是我们的资本所在。

节俭是人类的朋友，也是文明的建构者。

节俭的习惯带给个人生活一种积极向上的趋势，

让一个国家充满生机，是人类最为重要的福祉。

对于一个商人来说，

没有比现金更让人在风云变幻的商界中处于相对独立安稳的位置了。

正是那些养成储蓄的人从不失业。

他们能够在没有你的情况下继续前进，但你没有了他，却寸步难行。

节俭意味着对你的所有——金钱、时间、精力乃至机会的睿智使用。

一个穷小子可以在这片机会之土上靠着践行节俭而取得辉煌成就，在这个方面上，本杰明·富兰克林是一个极为励志的例子。他的父亲是一个牛油烛小商贩与煮皂工。在家中的十七个兄弟姐妹中，他排行第七。富兰克林十岁起，就开始在父亲的商店里打工来赚钱了。他从如此卑微的出身起步，完全凭借着自己的努力，成为这个世界上其中一位最为伟大的人—— 一位舍我其谁的爱国者，著名的科学家、政治家、发明家、外交家、哲学家与作家，还有一点就是，他很幽默。

　　可以说，富兰克林能获得如此多方面的成就在很大程度上源于节俭的习惯。节俭不仅意味着在涉及金钱问题上的节约，或是对收入聪明的使用，还表现在生活与工作中最为有效地利用时间与自身的精力。因为，对富兰克林而言，节俭不仅单纯意味着在投资与花钱上小心谨慎，而且还在于保持健康、精力以及人生的资本，最终有助于挖掘人生的自然天赋。富兰克林的节俭虽然广为人知，但他也是最为慷慨之人。

富兰克林有一句著名的话语——这句话也是他一生为之践行的——"自助者，天助之。"而对于那些自助者而言，要学的第一门功课就是富兰克林一直所倡导的——节俭。

纽约的美国青年基督教协会印发的挂历上印着"节俭的使者"——富兰克林的画像，上面还有这句口号——让你的金钱具有更大的作用。除此之外，挂历上还有所谓的"年轻人金钱问题上的十诫"：

工作，赚钱；

做一个预算表；

记录你的开支；

开一个银行账号；

购买人身保险；

拥有一间属于自己的房子；

下定决心；

迅速偿还账单；

投资可靠的证券；

与他人分享。

正如挂历上所说的，若你能够将这些成功地融入到自身的性格之中，你将不仅变成一个自立与积极向上之人，而且也会为你日后的富足、安乐乃至幸福打下基础。

每个人都知道赚钱要比省钱更为容易。要说在上面的"十诫"中有哪条是那些工薪者或是收入途径有限的男女所要特别注意的，那就是第二条"做一个预算表"了。而美国青年基督教协会所印发的《发自良心所做的预算书》，正在热销之中。这本书指出了如何最好地利用你的收入，如何精确地将你的收入与支出做一个详尽的说明。

从本杰明·富兰克林到托马斯·利普顿爵士，各行各业成功人士的事迹都证明了节俭与节约的价值所在——能带给我们财富与快乐。利普顿曾说，"节俭是所有成功的一大基础"。节俭让人能够独立起来，让年轻人能够站稳脚跟，精力充沛地去应对人生。事实上，节俭的习惯将带给人所有成功以及最美好的体验——幸福与安乐。

除非你狠下决心，将你每周或每月的部分收入储存起来，否则，你绝对不可能成为一个真正独立的人，你将总是受制于环境。即使你的积蓄很少，也要每年将一部分的收入存放在一个绝对安全的地方。你要明白，在某些紧急情况之下，一点点的现金就可能让你摆脱困难。所以，千万不可小觑平时的小小积蓄。

明智地使用自己的收入，即便只是很小的数额，这与在商业上的投资或是处理个人资产上的原则是一致的，而成功的商人总是习惯将这些原则贯穿于他们的事务中。即使百万富翁也必须要养成节俭的习惯，否则他的财富也会不翼而飞的。

查尔斯·M.施瓦布在他的小书《如何在已有的基础上取得成功》中这样写道："不久前，我在纽约新房子的花销在不断上升。我把管家叫过来对他说：'乔治，我想跟你做一个交易。要是你能在家庭的开销中节省一千美元，就可以获得百分之十的提成，而省下的第二个一千美元中获得百分之二十五的提成，第三个一千美元中获得百分之五十的提成，而现在家庭的开销相比之前已经削减了一半。"

我曾派一位记者去采访马歇尔·菲尔德，想让他谈谈在所有的人生境遇中，什么才是他人生事业的转折点。他的回答是："我自己节省下来的第一个五千美金。其实，那时我可以将过往卑微的储蓄给花掉的，而掌握着这些储蓄让我可以适时地抓住机会。我认为这就是我人生的转折点。"阿斯特财团的创建者约翰·雅各布·阿斯特曾说，若是他当年没有省下那一千美元的话，可能早在救济院中死去了。

我们经常看到很多才华横溢，饱受教育，具有良好教养的年轻男女们，因为缺乏金钱意识，缺乏对未来的长远盘算，花钱如流水，时常让自己徘徊在贫苦的边缘。这真是让人感到悲哀啊。有些人原本处于很好的环境之下，但是由于不善于理财，最终一无所有，没有为任何的不测做好准备。

若我们拥有为未来所准备的积蓄，感到自己有能力去面对未来可能的不测与匮乏，这会带来一种强烈的安稳与保护感。

那些上顿不接下顿的人是不会有安全感的。在我们的大城市里，不知有多少穷人总是处于匮乏之中，只能待在人行道旁默默无语。这通常是由于在早年缺乏明智的节省所致，他们没有为日后的紧急情况做准备，也没有为任何的人生不测做准备。

节俭的习惯不仅为我们打开机会之门，也让我们应对危机绰绰有余，不轻易上当受骗，不容易分散自身赚钱的能力。储蓄金钱通常意味着挽救一个人的生命，意味着我们在不利的环境下都能保持健康。另一方面，这还意味着我们有着一颗清醒的大脑，意味着一个人有运筹全局的视野。事实上，这种节俭的习惯不仅是获取财富的基础，也是塑造性格的重要基石。

西奥多·罗斯福曾睿智地说："若你想确定自己走在正确的道路上，那就从养成节俭的习惯开始吧。这种节省金钱的习惯虽然让意志受到某种程度的约束，但是却能增强人的能量。"

当一位年轻人开始系统地将金钱储蓄起来，进行明智的投资，那么他就可能成为一个更为杰出的人，而不是长期惘然若失地画着"十"字。他会做好自己的规划，成为自己人生的主宰。若是他能在早年就开始养成节俭的习惯，那么他就在建构一种稳重的性格上迈出了坚实的一步。正是这种品格让那些白手起家的人显得尤为可贵——诸如本杰明·富兰克林就属于这种类型。

对一个年轻人来说，树立起节俭的名声以及养成节约的习惯——让自己有些保障，有一些积蓄，无论是政府债券或是人身保险，抑或其他方面的投资，这些都是让年轻人获得信誉与取得成功的重要帮手。这种节俭的习惯会帮助他们在这个社会上站稳脚跟。

某位杰出的商人曾说："给我多介绍几个那些凭借节俭而让人生更有意义的年轻人吧。"

若你想让自己多彩的未来如愿，那么你就必须要与自己达成某些协议，比如每周从你的薪水中节省下一部分金钱。无论节省下来的数额多么小，你可能也觉得这些小钱办不了什么事情，但还是要将这些钱放在你自己认为是最为安全的地方。这些累积下来的钱可能在日后对你意味着很多，手中多些现金会让你多几分把握机会的能力。

金钱的魔力时常被很多年轻人所忽视。这是一片充满机遇的土地，良机总是等待着那些有现金流的人。我们时常可以听到那些为没有抓住投资良机而惋惜不已的人，他们所找的借口就是没有钱！不知有多少人就是因为这个原因而眼睁睁地看着良机从身边溜走。

我所认识的一些最为精明的商人曾告诉我，从长远来说，没有什么比存钱在银行里更加有益的了。这些钱可以用于紧急时刻，为某个不期而遇的机会或是大买卖做准备。当一个人感觉自身有现金去应对紧急情形之时，就会有某种安全感。我们谁也预测不到疾病或是意外何时会瘫痪我们的赚钱能力，抑或某些难以料想的紧急情况会让我们猝不及防，而那些有备无患的人则不会惊慌失措。

其实，在我们日常生活中是有很多机会节约金钱的，而储存金钱的机构也非以前能比，收益也十分可观。

当我们一旦有了一点储蓄，就会更有劲头去增加这笔数额。当我们想要大笔花钱的时候，这笔储蓄就会时刻提醒我们还是要节省一点才好。当我们可能为那些并不具有什么价值的东西而花钱之时，心中就会更有说"不"的底气。我们的储蓄总是不断地鼓励着我们，鞭策与刺激着我们。手中的一笔小数额的存款让很多年轻人摆脱了诱惑，让他们免于陷入自我毁灭的深渊之中。

我们所赚与花销之间的差别，就是我们留下的资本。

对年轻人而言，手中的一点积蓄意味着可以建造一间美丽的房子，让自己的生活过得舒适一点，让自己获得自我提升与自我成长的机会。这点积蓄还意味着我们可以购买更好的书籍与期刊；意味着日后可以为自己的孩子提供上大学的机会，以及避免暮年的饥寒交迫；意味着对未来少些忧虑与恐惧，让我们免于对匮乏的担忧，让那些我们所爱之人免于痛苦之中。

一位杰出商人曾说："有人曾问我什么才是成功真正的秘密。我觉得，就是人生各个阶段的节俭习惯，特别是在储蓄方面。节俭习惯是成功的一大原则，这让我们变得更加独立，让年轻人站稳脚跟，让他们充满活力，发掘自身的能量。事实上，这还能带来人生最为美好的一面——幸福与安乐。"

在你的人生里，你还能期待比这个更好的吗？

我是无尽的幸福之源。

我引领人们走向心灵平和、力量与富足。我让人们从维持生计的忧虑与担心之中解脱出来，获得自由。

我既是富人的朋友，也是穷人的朋友。

在年轻时，我像一座指引目标的灯塔，而在年老之时，则像一位仆人。

我增强人们对未来的希望、自信、信念以及确定感。

我是对抗贫穷与失败最好的形式，我让人们从贫穷与匮乏的阴影之中走出来。

我让个人获得健康、效率以及自身最好的福祉。

我会扼杀杞人忧天的习惯，我能赶走人们心中那种无谓的烦恼。

我本身就意味着最好的医生，紧急需要之时最保险的医院以及最齐全的休养场所。

我让人们获得最急需的假期、休息、娱乐与旅行。我意味着人们可以活得更加自然，领略世间更加美好的事物。

我意味着为小孩子提供更好的机会，更好的受教育环境，更好的衣服，更为优雅的环境，更加安全的未来。

我是人类的朋友，也是文明的建构者。我不仅让一般人有着一种向上的趋势，而且也让整个国家处于昂扬的状态之中。我不断地保持与维系人类的最高福祉。

我维持着人类的未来。我让人们能满怀自信地去工作，积极向上，少些唉声叹气，超脱于我们所处的俗世。

我让很多人免于囹圄之灾，让他们远离偷窃或是其他的犯罪行为。

我增强那些正在奋斗的年轻人的自信，增添他们继续生活的信念。

我是一位员工的最好推荐信，因为我属于广阔与最为优秀的大家庭。每个雇主都知道，那些养成了我这种习惯的人都会有其他方面的优点，诸如诚实、细心、可信、远见以及谨慎。

我是个人品格、能力与自我控制的一个象征。我的存在证明，你绝非欲望与软弱的受害者，而是自我的主宰。

我通常是人们的救世主，斩除人们放荡与邪恶的习惯，用健康的习惯代替过往的消沉，让人保持清醒的大脑，而不是满脑子混沌。

我是债务的敌人。我让人们免于家破人亡，让家庭免于分崩离析，让彼此的爱得以保存，不让外物打扰心灵的宁静。

我帮助人们得以从芸芸众生中脱颖而出，让他们变得更加自立，在这个世上有所成就。

世上很多家庭成员最终沦落到无家可归，身无分文，忍受各种困难、匮乏以及羞辱，完全是因为身兼丈夫与父亲的人没有与我为伍。

今时今日很多失败者之所以沦落到这般田地，很大程度上是因为他们不知道有我的存在，嘲笑别人对我的推荐，将我看得很低，被视为吝啬或是视财如命，觉得我是他们享受人生的最大敌人。

无论你是靠脑力或是体力来养活自己，从商或是做学问，不论你的收入是多是少，若你不能与我为伍，那么你将始终处于弱势，是在拿你未来的安稳以及幸福做赌注。

我使得人们过上更优质的生活，活得更加简单，思想更为高远。我催促人们能够该花则花，过幸福的日子。生活在诚实、简朴之中，过着一种实实在在而又富有价值的生活，让人身心舒畅，带给人们持久的满足感。

我是真正成功的开端，让你"异想天开"的梦想有了一个基石，能够更容易实现自己的理想，最终建造了"属于自己的房子"。而这是任何一个健康与富有野心的年轻人都所向往的一个希望的最高峰。

我，就是节俭。

第二十一章

期待什么，获得什么

我们永远也难以获得自身期望之外的东西。

若我们期望更为宏大的未来，

对工作、人生抱着更为宽广的心理态度，

那么，我们就能获得更加美好的未来。

而若是我们贬低自己，则只能收获很卑微的东西。

养成期望更为宏大事情的习惯能将自身最好的一面展现出来。

若是某人贫穷的幽灵依然存在的话，

那么他是不可能变得富足起来的。

我们一般都会获得自身所期待的，而期望越小，收获也就越小。

我们的要求不大，期望甚微，最终反而限制了自身的能力。

　　若你有梦，请相信自己有能力去实现，而不是将梦想当作收藏品，惧怕一旦失败梦就会破碎，久藏于心而不为之努力，要努力将之兑现成现实。

　　当我从新罕布什尔州学院毕业的时候，对我未来人生最大的鼓舞就是我最喜欢的老师对我深深的期望。在离别之际，他抓住我的手跟我道别，说："我的孩子啊！我希望日后能听到你扬名世界，让所有的人们都能听到你的声音——千万不要让我失望啊！我相信你。我能看到未来的你，而这些是你现在所看不到的。"

　　我们的老师、父母、朋友以及亲戚对我们深深的期望，希望我们日后能有所作为，这更会让我们深受鼓舞，充满希望，不断努力地向成功迈进。

一个走上战场想着自己必败的将军是必然要失败的。他自身这种必然失败的思想会很自然地传播到他所带领的军队，从一开始就让军队士气不振，让士兵们无法热血贲张地肩负使命。而对于人生这场战役而言，也是如此。当我们走进这场战役的主战场之时，如果一心想着失败，那么在开战之前已经输掉了一半。若你想要取得成功，那么就必须要让自己全身散发出对成功的强烈渴望。你必须每天都要生活在这样一个念头里，即生活中很多美好的事物正在等待着自己。

每当你称自己并不奢望能够取得任何结果的时候，或是不想获得任何有价值的东西之时，你就是在将自己辛辛苦苦所为之付出的努力化为乌有，不断远离自己所想的。我们的期望必须要与自身所付出的努力相适应。若我们深信自己不能真正获得幸福，认为我们这一辈子都只能在不满与痛苦之中挣扎，受尽世间的一切苦难，那么，我们则更可能获得自己所想的。我们不断地追求幸福，但是内心却对自身实现目标的能力保持怀疑。这就像一辆火车往东开，但是你的目的地却是在西边一样。我们必须要朝着自身所想的方向前进，让我们的愿景与努力能够获得最大的收益。若你要成功地实现自己心中所想，那你必须要远离失败，将内心中任何关于失败的念头、画面以至恐惧都统统驱赶出去，朝着胜利的方向前进。

不久前，在我收到的一封信中夹带着一些手稿。在这些手稿中，这位作者说："我知道自己所写的东西无法跟你相提并论，因为无论我怎么努力，都不可能像你写的那么好。我不期望你会出版这些东西，但是我还是将这些手稿寄给你了，因为我还是希望你能出版。"

从一开始，这位作者就用其自我表达出来的卑微来反衬我，暗示这些作品都是不值得出版的，可能会被退回。这就好比一个年轻人在出去找工作之时，内心沮丧，忧伤写在他的脸上，展现在每一个肢体语言上。以这种状态去求职，就好像对潜在的雇主说："我认为你不会雇佣我。当我走进来的时候，就觉得自己不会是那位幸运儿，但是尽管如此，我也还是愿意尝试一下。我对自己信心不大，感觉自己也不怎么会做这个。我很怀疑自己是否到底很适合这份工作。"

上面这段话也许看起来很滑稽，但却是很多人在面对他们内心所追求事物或是为之奋斗的目标之时所抱着的心理态度。他们从不相信能在自己所从事的工作中取得成功，也从没想过要过得舒适一点，更别说要让生活过得富足与高雅一点了。他们所期待的只有失败与贫穷，而从来没有意识到内心的这种期盼能增强人的心理磁性，将自己所想的东西都吸引过来，尽管他们很努力地想要逃脱。

最近，我与某位仁兄交谈。他个人就是展现这种消极的心态所带给我们的一个典型例子。他告诉我，在过去的很多年里，他一直很努力地工作，基本上没有怎么休假，更是丝毫没有放松过自身的要求。他在假日都照常工作，但似乎仍是原地踏步，没有实现心中所要达成的目标，事实上，很多事情都好像故意地"密谋"着与他对抗，总是不断地让他感到失望，带来深深的挫败感。"当然，我的朋友，你不可能取得成功，因为你从来就没有期望过成功。"我对他这样说，"还有更为重要的是，你从来就没有给过自己机会，而是惶惶不可终日，恐惧而又期盼着贫穷、失败、匮乏与失败。这些思想就像磁铁一般紧紧地吸引着你，让你陷入了失败的车辙之中，不能动弹。"

你所恐惧的，你所渴盼的，都会自然而然地走进你的生活。你心中所有的恐惧、所有的疑惑、所有的失败思想都在塑造着你的生活，按照它们的意愿来对你进行改造。不论你如何努力来追求自身所需要的东西，若你始终怀着消极与沮丧的思想，若你总是想着失败而不是成功，念着邪恶而不是善良的话，那么你所期望的，自然就会成为现实的结果。换言之，你的思想就是塑造与决定你生活状况的重要力量。

"女士，要是你想从树林中找到小鸟，那在你的心中就必须要有鸟的影子。"约翰·柏洛兹，这位伟大的自然学者，曾对一位抱怨自己果园没有小鸟的妇女这样说。相反，他却能从中数出十多只小鸟，而这位妇女则是一个都看不到。你心中所想的，你所相信的，自然都会在你身上彰显出来，成为你生活的一部分。

"人就是自己的制造者。"

若你想要过着更为宏大、幸福与丰富的人生，那你就必须要从大处来思考人生。你就必须要拓展自身的人生宽度，你必须要期望自身能够实现理想。

正是对成功的期望让我们付出最大的努力，使得内心充满信念，催促着我们获得成功。例如，最优秀的销售员与平庸的销售员之间的最大差别，就是他们所持的不同心理态度。

"不相信自己能够获得订单。"这是某些销售员内心所一直想着的。当他们努力去赢得订单的时候，内心却没有对成功的期望，以及那份对必然成功的自信与确信。所以他们内心才会极度脆弱，碰到一点小小的挫折就放弃了。

世上有很多二流的销售员其实有独当一面的能力，但是最终却失败了。这缘于他们对自身的疑惑与恐惧。每当遇到某个顾客的一点不合作，就不断在脑海中对自己说："你瞧，我肯定会失去这位顾客了。我觉得这就是我的命啊！我希望自己能够从他那里获得订单，但这些努力都是徒劳的，他是不会签约的。"他们从不知道，自身的这些想法会不知不觉地传递给他们潜在的客户。即便是一个不那么敏感的人，也能很轻易地感受到他们那种消极、失败的气息。当顾客一眼看到那些腼腆与不自信的销售员时，就知道此人不可能是胜者，因为，在他的脸上能看到失败者的影子。若是能从一个人的脸上看出他的失败的话，那么那个人无论多么有能力，最终也是难逃失败的厄运。因为他所散发出的无力感将任何与他接触的东西都驱赶掉了。

消极的心态是绝对不能造就伟大的销售员或是任何其他伟大的人物的。因为这种心态不具有建设性，而只有毁灭的力量。他们活在世上，不断地将自己想要努力敞开的大门关上。他们希望并努力去追求某些事情，而一旦当他们无法获得之时，就发出"命该如此"的感叹。他们之所以无法获得自身所希冀的事情，就是因为在他们的努力的过程中没有任何信念与希望来支撑。你知道圣·詹姆斯是如何评价那些疑惑、恐惧与没有信仰的人吗？他说："那些人休想获得主的恩赐。"

这就是为什么从小教育小孩子培养正确的思想是如此的重要。每个孩子在成长的过程中都应该笃信一点，即在日后等待着他们的，是美好与善良的事物，而不是丑恶的东西。而他们内心的期望、灵魂的渴盼，这些都是他日后可以通过充分的准备去实现的。

你是否意识到你今天所处的环境，你所取得的成就，你所遭受的贫穷或是富足，这些都是你过往的心理暗示所造成的。这可能是你多年前的想法，也可能在你刚踏足社会就已有这样的念头了。若你始终忠实于自身成功的愿景，不断地提升自身的信念与能力，凭借自身的努力，那么就可与法则和谐共处，收获思想与行动的丰收。另一方面，若是你发现自己身处贫穷与悲惨之中，那么你就违反了这一法则。要改善自身境况，不需要什么灵丹妙药，只需要转过身，远离那些消极的思想，走上另一条光明的道路。要与法则相适应，而不是与之相悖。为我们所想的事物而努力，满怀自信、希望、信念，那么你就能取得成功。

　　时刻铭记：期待什么，就会获得什么，多给自己一些正能量！

第二十二章

如何将真正的自我挖掘出来

每个人都是一座活火山，你若能激发潜能，总会有爆发的时刻。

内心始终要抱着一种不断朝着更高目标迈进的念头，

让身上的每一个细胞都更具活力。

这样的念头会让你成长，丰富你的人生。

牢牢掌控你心灵的愿景，

或是让高远的理想萦绕着你的心胸，

这些都不是纯粹的幻象或是天马行空的意念。

这些都在预示着，要是你能不断提升自己，

就可以去实现这些自己所想的目标。

著名心理学家威廉·詹姆斯曾说："一般人利用大脑细胞的程度都不够百分之十，而身体的机能平均利用率则少于三成。我们都还远远处于自身最大能力之下的位置呢。"

　　假设一个人因为缺乏适当的营养，或是由于童年的某些意外，最终导致只能发挥自身百分之十的功能，这是多么让人感到可悲的啊！

　　事实上，很多人都无法充分利用自身潜能。即便是那些站在人类智慧高峰的伟人们，诸如米开朗基罗、贝多芬、莎士比亚、弥尔顿、但丁以及从事各行各业的创造性人物——他们也没有完全挖掘出自身的全部潜能。

　　在植物界里，不良的环境会让一颗原本有潜力成长为大树的种子最终只能长成小树，在动物界里亦是如此。不良的环境也会让那个"内心的巨人"变得矮小，最终一无是处。显而易见，大树没有能力去改变自己，以适应这个环境，也没有能力去提升自己所处的环境，但是人类却有能力去掌控所处的环境，不让自己为环境所改变，战胜所有可能阻碍或是延迟他取得最大成功的障碍。

人的发展取决于他对自身理想的不断视觉化。如果我们认为自己只是从先辈那里继承了软弱以及匮乏，如果我们深信自己是遗传无辜的受害者，受制于环境以及境况的压迫，那我们就只能展现出平庸、软弱以及低级的一面。

一个将全身心都投入到艺术创作的艺术家从来都不会去欣赏那些劣质的画作，因为他认为，要是自己这样做的话，就会不经意中熟悉这种错误的艺术观念，他的画笔就会自然地染上低劣的色彩。让心灵接近于软弱以及次级的理想会阻碍并限制我们的发展。要知道，我们的心理状态会影响自身的发展。

詹姆斯·J. 瓦尔斯曾说："实际上，我们有很多能力自身都没有挖掘出来，我们已然养成了无法达到自身标准的习惯。"这种无法达到自身标准的习惯，不知让多少人过分低估了自身的能力。他们根据自身过往的经历或是别人对他们的想法衡量自己，最后只能在平庸这一狭隘的小道上继续混沌，而他们的真正才华却始终得不到彰显。除非有某些幸运的意外去叫醒他们，否则他们内心的巨人依然在沉睡，直到他们临死之时，依然如此，而一起埋葬的还有他们未加使用的潜能。

　　我最近遇到某个之前一直踏实工作的人，在人生最年富力强的时候并没有展现出什么特殊的才能。事实上，他所尝试的很多事情最终都以失败而告终。虽然他这个人也不是很自信的那一种人，但他就是有一股蛮劲，不断地努力着，最终获得了一次成功。这次成功唤起他内心真正的自我，重新燃起了新的一股力量。打那之后，他就焕发人生的"第二春"了。他变得更加自信，做事更为淡定。他认识到自身所潜在的巨大力量，这种视野让他看到了无限的潜能。很快，他的商业技能获得了迅速的提升，而这些都是之前自己从没有意识到的。他的人生观与世界观都发生了变化。过往的羞怯、犹豫、冷漠或是摇摆不定被果敢、自信、迅速有力的决断力所代替。之后，他的人生有了跨越式的发展，成为了商业巨头、社区领袖。这些都是因为他意识到了自身所存在的巨大潜力，开启了自身的活力之门。

　　你过往所做的或过往失败的，已然不重要，你现在能做的，才是重要的；现在你所处的位置不重要，但你能去做什么很重要——做一个有信念、有目标的人，而不要被他人的看法所操纵，这就是人的价值不能以斤两称量的原因。因为只有你才是你自己的主人，只有当你真正找到自我之后，认识内心更大的"我"时，才会开始挖掘自身的潜能。

那些伟大的人，总能够唤醒内心沉睡的潜能，将弱小的凡人之躯变得像神一般的无限强大。

著名剧作家约翰·德林沃特曾说："到目前为止，只有亚伯拉罕·林肯是完全将自身的领袖才华激发出来的人。这不仅体现在他活着的时候，更在于之后的故事。在人类长达两千年的历史中，还没有人如亚伯拉罕·林肯这般全面而又深刻地将潜能发挥到极致的人。"

无论出身多么卑微，环境多么恶劣，任何将自身的潜能发掘出来并发挥到极致的人，必定是一个杰出的人。

这个世界上那些储量最大的煤矿在未被坚毅与果敢的坚持者挖掘出来之前，被无数人所抛弃。这些坚持者并不满足于小打小闹，而是不断深挖，直到发现他们所要找寻的宝藏。他们变得很富有，而那些中途放弃或求成心切的人，最终一无所有。这是因为他们对于自己要深挖之后能否找到煤矿缺乏信念，所以最终也只能死于贫穷之中。

许多贴着失败标签的人就像那些半途而废的挖井者，他们最终在贫穷与痛苦中挣扎着死去。事实上，这些人只需要继续坚持一下，就能实现自己的梦想了。今时今日，很多仍处于失败之中的人，其实他们都有能力成为各行各业的领军人物。有很多员工都要比雇主更有才华与能干，但却始终在一个平庸的位置上无望地消磨着时光。若是他们能将自身的这种无限潜能挖掘出来，就会大放异彩。但是，他们既丢失了毅力与勇气的犁头，也没能深入思想的根部耕耘，使沃土变得贫瘠，最后只能颓然放弃。

与那些成功之人相比，失败的那些人也拥有相同的成功素质以及成功的潜质。但是困扰大多数失败者的问题是，他们未能深挖自己的潜能，无法将隐藏的才华展现出来。很多人之所以无法发现真正的自我，是因为他们闭塞无知，很少思考方向，然后择善而从；他们没有专注投入，反而将太多的力量虚掷在无谓的地方，最终一无所得。

当心灵呼唤着你要成为一个巨人时，你还甘心只当侏儒吗？当你可以通过不懈的努力激发自身潜能时，你还要坐等运气，守候会给你资金的贵人或是躺着等人拉你一把吗？

我亲爱的朋友，你永远也不可能凭借外在的事物来挖掘深藏在你心灵的潜质。唯一的办法，在你的心灵深处。若有人选择让自己变成一个"侏儒"或是"小树"，而无意长成参天大树的话，那么，上帝也是拿他没办法的。